建设行业专业人员快速上岗 100 问丛书

手把手教你当好设备安装质量员

刘淑华　主　编

魏久平　赵占雄　胡　静
　　　　　　　　　　　　　副主编
温世洲　雷济时　马振宇

王文睿　主　审

U0383386

中国建筑工业出版社

图书在版编目（CIP）数据

手把手教你当好设备安装质量员/刘淑华主编. —北京：中国建筑工业出版社，2014.10
（建设行业专业人员快速上岗100问丛书）
ISBN 978-7-112-17372-3

Ⅰ. ①手… Ⅱ. ①刘… Ⅲ. ①房屋建筑设备-建筑安装工程-问题解答 Ⅳ. ①TU8-44

中国版本图书馆 CIP 数据核字（2014）第 242723 号

建设行业专业人员快速上岗100问丛书
手把手教你当好设备安装质量员

刘淑华 主　编

魏久平　赵占雄　胡　静

温世洲　雷济时　马振宇　副主编

王文睿　主　审

*

中国建筑工业出版社出版、发行（北京西郊百万庄）

各地新华书店、建筑书店经销

北京科地亚盟排版公司制版

北京云浩印刷有限责任公司印刷

*

开本：850×1168毫米　1/32　印张：9　字数：239千字
2015年2月第一版　2015年2月第一次印刷
定价：25.00元
ISBN 978 - 7 - 112 - 17372 - 3
（26162）

本书是"建设行业专业人员快速上岗 100 问丛书"之一。主要根据《建筑与市政工程施工现场专业人员职业标准》JGJ/T 250—2011 编写。全书包括通用知识、基础知识、岗位知识、专业技能共四章 23 节，内容涉及设备安装质量员工作中所需掌握的知识点和专业技能。

　　为了方便读者的学习与理解，全书采用一问一答的形式，对书中内容进行分解，共列出 225 道问题，逐一进行阐述，针对性和参考性强。

　　本书可供建筑设备安装施工企业的质量员、建设单位工程项目管理人员、监理单位工程监理人员使用，也可作为基层施工管理人员学习的参考。

责任编辑：范业庶　王砾瑶　万　李
责任设计：董建平
责任校对：陈晶晶　刘　钰

出版说明

随着科学技术的日新月异和经济建设的高速发展，中国已成为世界最大的建设市场。近几年建设投资规模增长迅速，工程建设随处可见。

建设行业专业人员（各专业施工员、质量员、预算员，以及安全员、测量员、材料员等）作为施工现场的技术骨干，其业务水平和管理水平的高低，直接影响着工程建设项目能否有序、高效、高质量地完成。这些技术管理人员中，业务水平参差不齐，有不少是由其他岗位调职过来以及刚跨入这一行业的应届毕业生，他们迫切需要学习、培训，或是能有一些像工地老师傅般手把手实物教学的学习资料和读物。

为了满足广大建设行业专业人员入职上岗学习和培训需要，我们特组织有关专家编写了本套丛书。丛书涵盖建设行业施工现场各个专业，以国家及行业有关职业标准的要求和规定进行编写，按照一问一答的形式对专业人员的工作职责、应该掌握的专业知识、应会的专业技能、对实际工作中常见问题的处理等进行讲解，注重系统性、知识性，尤其注重实用性、指导性。在编写内容上严格遵照最新颁布的国家技术规范和行业技术规范。希望本套丛书能够帮助建设行业专业人员快速掌握专业知识，从容应对工作中的疑难问题。同时也真诚地希望各位读者对书中不足之处提出批评指正，以便我们进一步改进和完善。

中国建筑工业出版社

2014 年 12 月

前　言

　　本书为"建设行业专业人员快速上岗100问丛书"之一，主要为建筑设备安装质量员实际工作需要编写。本书主要内容包括通用知识、基础知识、岗位知识、专业技能四章23节，总共225道问答题，囊括了设备安装施工企业质量员实际工作中可能遇到和需要的绝大部分知识点和所需技能的内容。本书为了便于设备安装质量员及其他基层项目管理者学习和使用，坚持做到理论联系实际，通俗易懂，全面受用的原则，在内容选择上注重基础知识和常用知识的阐述，对设备安装质量员在工程施工过程中可能遇到的常见问题，采用了一问一答的方式对各题进行了简明扼要的回答。

　　本书将设备安装质量员的职业要求、通用知识和专业技能等有机地融为一体，尽可能做到通俗易懂，简明扼要，一目了然。本书涉及的相关专业知识均按2010年以来修订的新规范编写。

　　本书可供建筑设备安装施工企业的质量员及其他相关基层管理人员、建设单位项目管理人员、工程监理单位技术人员使用，也可作为基层设备安装施工管理人员学习建筑设备安装工程施工技术和项目管理基本知识时的参考。

　　本书由刘淑华主编，魏久平、赵占雄、胡静、温世洲、雷济时、马振宇等担任副主编，王文睿担任主审。由于编者理论水平有限，本书中存在的不足和缺漏在所难免，敬请广大建筑设备安装质量员、施工管理人员及专家学者批评指正，以便帮助我们提高工作水平，更好地服务广大建筑设备安装质量员和项目管理工作者。

编者

2014 年 12 月

目　录

第一章　通用知识

第一节　相关法律法规知识

第二节　工程材料的基本知识

第三节 施工图识读、绘制的基本知识

第四节 工程施工工艺和方法

第二章 基础知识

第一节 设备安装相关的力学知识

第二节　建筑设备的基本知识

第三节　施工测量基本知识

第四节　抽样统计分析的基本知识

第三章　岗　位　知　识

第一节　安全管理相关的管理规定和标准

第二节　工程质量管理的基本知识

第三节　施工质量计划的内容和编制方法

第四节 工程质量控制的方法

第五节 施工试验的内容、方法和判定标准

第六节 工程质量问题的分析、预防及处理方法

第四章　专业技能

第一节　编制施工组织设计、专项施工方案

第二节　评价材料、设备的质量

第三节　识读施工图

第四节　确定施工质量控制点

第五节　编写质量控制措施等质量控制文件，实施质量交底

第六节　工程质量检测检验、质量验收

第七节 识别质量缺陷，进行分析和处理

16

第一章 通用知识

第一节 相关法律法规知识

1. 从事建筑活动的施工企业应具备哪些条件?

答：根据《中华人民共和国建筑法》的规定，从事建筑活动的施工企业应具备以下条件：

(1) 具有符合规定的注册资本；

(2) 有与其从事建筑活动相适应的具有法定执业资格的专业技术人员；

(3) 有从事相关建筑活动所应有的技术装备；

(4) 法律、行政法规规定的其他条件。

2. 从事建筑活动的施工企业从业的基本要求是什么?《建筑法》对从事建筑活动的技术人员有什么要求?

答：根据《中华人民共和国建筑法》的规定，从事建筑活动的施工企业应满足下列要求：从事建筑活动的施工企业，按照其拥有的注册资本、专业技术人员、技术装备和已完成的建筑工程业绩等资质条件，划分为不同的资质等级，经资质审查合格，取得相应等级的资质证书后，方可在其资质等级许可的范围内从事建筑活动。

《建筑法》对从事建筑活动的技术人员的要求是：从事建筑活动的专业技术人员，应依法取得相应的执业资格证书，并在职业资格许可证的范围内从事建筑活动。

3. 建筑工程安全生产管理必须坚持的方针和制度各是什么？建筑施工企业怎样采取措施确保施工工程的安全？

答：根据《中华人民共和国建筑法》的规定，从事建筑活动的施工企业，建筑工程安全生产管理必须坚持安全第一、预防为主的方针，必须建立健全安全生产的责任制和群防群治制度。

建筑施工企业在编制施工组织设计时，应当根据建筑工程的特点制定相应的安全技术措施；对专业性较强的工程建设项目，应当编制专项安全施工组织设计，并采取安全技术措施。

建筑施工企业应当在施工现场采取维护安全、防范危险、预防火灾等措施；有条件的，应当对施工现场进行封闭管理。

施工现场对毗邻的建筑物、构筑物和特殊作用环境可能造成损害的，应当采取安全防护措施。

4. 建设工程施工现场安全生产的责任主体属于哪一方？安全生产责任怎样划分？

答：建设工程施工现场安全生产的责任主体是建筑施工企业。实行施工总承包的，总承包单位为安全生产主体，施工现场的安全责任由其负责。分包单位向总承包单位负责，服从总承包单位对施工现场的安全生产管理。

5. 建设工程施工质量应符合哪些常用的工程质量标准的要求？

答：建设工程施工质量应在遵守《建筑法》中对建筑工程质量管理的规定，以及在遵守《建设工程质量管理条例》的前提下，符合相关工程建设的设计规范、施工验收规范中的具体规定和《建设工程施工合同（示范文本）》约定的相关规定，同时对于地域特色、行业特色明显的建设工程项目，还应遵守地方政府建设行政管理部门和行业管理部门制定的地方和行业规程与标准。

6. 建筑工程施工质量管理责任主体属于哪一方？施工企业应如何对施工质量负责？

答：《建设工程质量管理条例》明确规定，建筑工程施工质量管理责任主体为施工单位。施工单位应当建立质量责任制，确定工程项目的项目经理、技术负责人和施工管理负责人。建设工程实行总承包的，总承包单位应当对全部建设工程质量负责。总承包单位依法将建设工程分包给其他单位的，分包单位应当按照分包合同的规定对其分包工程的质量向总承包单位负责，总承包单位与分包单位对分包工程的质量承担连带责任。施工单位必须按照工程设计图纸和技术标准施工，不得擅自修改工程设计，不得偷工减料。施工单位在施工过程中发现设计文件和图纸有差错的，应当及时提出意见和建议。施工单位必须按照工程设计要求、施工技术标准和合同约定，对建筑材料、建筑构配件、设备和商品混凝土进行检验，检验应当有书面记录和专业人员签字；未经检验或检验不合格的，不得使用。施工单位必须建立、健全施工质量的检验制度，严格工序管理，做好隐蔽工程的质量检查和记录。隐蔽工程在隐蔽前，施工单位应当通知建设单位和建设工程质量监督机构。施工人员对涉及结构安全的试块、试件以及有关材料，应当在建设单位或者工程监理单位监督下现场取样，并送具有相应资质等级的质量检测单位进行检测。施工单位对施工中出现质量问题的建设工程或者竣工验收不合格的工程，应当负责返修。施工单位应当建立、健全教育培训制度，加强对职工的教育培训；未经教育培训或者考核不合格的人员不得上岗。

7. 建筑施工企业怎样采取措施保证施工工程的质量符合国家规范和工程的要求？

答：严格执行《建筑法》和《建设工程质量管理条例》中对

工程质量的相关规定和要求，采取相应措施确保工程质量。做到在资质等级许可的范围内承揽工程；不转包或者违法分包工程。建立质量责任制，确定工程项目的项目经理、技术负责人和施工管理负责人。实行总承包的建设工程由总承包单位对全部建设工程质量负责，分包单位按照分包合同的约定对其分包工程的质量负责。做到按图纸和技术标准施工；不擅自修改工程设计，不偷工减料；对施工过程中出现的质量问题或竣工验收不合格的工程项目，负责返修。准确全面理解工程项目相关设计规范和施工验收规范的规定、地方和行业法规和标准的规定；施工过程中完善工序管理，实行事先、事中管理，尽量减少事后管理，避免和杜绝返工，加强隐蔽工程验收，杜绝质量事故隐患；加强交底工作，督促作业人员做到工作目标明确、责任和义务清楚；对关键和特殊工艺、技术和工序要做好培训和上岗管理；对影响质量的技术和工艺要采取有效措施进行把关。建立健全企业内部质量管理体系，施工单位必须建立、健全施工质量的检验制度，严格工序管理，做好隐蔽工程的质量检查和记录；并在实施中做到使施工质量不低于上述规范、规程和标准的规定；按照保修书约定的工程保修范围、保修期限和保修责任等履行保修责任及义务，确保工程质量在合同规定的期限内满足工程建设单位的使用要求。

8.《安全生产法》对施工及生产企业为具备安全生产条件的资金投入有什么要求？

答：施工单位应当具备的安全生产条件所必需的资金投入，由生产经营单位的决策机构、主要负责人或者个人经营的投资人予以保证，并对由于安全生产所必需的资金投入不足导致的后果承担责任。

建筑施工单位新建、改建、扩建工程项目（以下统称建设项目）的安全设施，必须与主体工程同时设计、同时施工、同时投入生产和使用。安全设施投资应当纳入建设项目概算。

9. 《安全生产法》对施工及生产企业安全生产管理人员的配备有哪些要求？

答：建筑施工单位应当设置安全生产管理机构或者配备专职安全生产管理人员。从业人员超过三百人的，应当设置安全生产管理机构或者配备专职安全生产管理人员；从业人员在三百人以下的，应当配备专职或者兼职的安全生产管理人员，或者委托具有国家规定的相关专业技术资格的工程技术人员提供安全生产管理服务。建筑施工单位依照前款规定委托工程技术人员提供安全生产管理服务的，保证安全生产的责任仍由本单位负责。施工单位的主要负责人和安全生产管理人员必须具备与本单位所从事的生产经营活动相应的安全生产知识和管理能力。建筑施工单位的主要负责人和安全生产管理人员，应当由有关主管部门对其安全生产知识和管理能力考核合格后方可任职。

10. 为什么施工企业应对从业人员进行安全生产教育和培训？安全生产教育和培训包括哪些方面的内容？

答：施工单位对从业人员进行安全生产教育和培训，是为了保证从业人员具备必要的安全生产知识，能够熟悉有关的安全生产规章制度和安全操作规程，更好地掌握本岗位的安全操作技能。同时为了确保施工质量和安全生产，规定未经安全生产教育和培训合格的从业人员，不得上岗作业。

安全生产教育和培训的内容为日常安全生产常识的培训，包括安全用电、安全用气、安全使用施工机具车辆、多层和高层建筑高空作业安全培训、冬期防火培训、雨期防洪防雹培训、人身安全培训、环境安全培训等；在施工活动中采用新工艺、新技术、新材料或者使用新设备时，为了让从业人员了解、掌握其安全技术特性，采取有效的安全防护措施，应对从业人员进行专门的安全生产教育和培训。施工中有特种作业时，对特种作业人员必须按照国家有关规定经专门的安全作业培训，在其取得特种作业操作资格证书后，方可允许上岗作业。

11. 《安全生产法》对建设项目安全设施和设备作了什么规定？

答：建设项目安全设施的设计人、设计单位应当对安全设施设计负责。矿山建设项目和用于生产、储存危险物品的建设项目的安全设施设计应当按照国家有关规定报经有关部门审查，审查部门及其负责审查的人员对审查结果负责。

矿山建设项目和用于生产、储存危险物品的建设项目的施工单位必须按照批准的安全设施设计施工，并对安全设施的工程质量负责。矿山建设项目和用于生产、储存危险物品的建设项目竣工投入生产或者使用前，必须依照有关法律、行政法规的规定对安全设施进行验收；验收合格后，方可投入生产和使用。验收部门及其验收人员对验收结果负责。施工和经营单位应当在有较大危险因素的生产经营场所和有关设施、设备上，设置明显的安全警示标志。安全设备的设计、制造、安装、使用、检测、维修、改造和报废，应当符合国家标准或者行业标准。生产经营单位必须对安全设备进行经常性维护、保养，并定期检测，保证正常运转。维护、保养、检测应当做好记录，并由有关人员签字。

施工单位使用的涉及生命安全、危险性较大的特种设备，以及危险物品的容器、运输工具，必须按照国家有关规定，由专业生产单位生产，并经取得专业资质的检测、检验机构检测、检验合格，取得安全使用证或者安全标志，方可投入使用。检测、检验机构对检测、检验结果负责。国家对严重危及生产安全的工艺、设备实行淘汰制度。

12. 建筑工程施工从业人员劳动合同安全的权利和义务各有哪些？

答：《中华人民共和国安全生产法》明确规定：施工单位与从业人员订立的劳动合同，应当载明有关保障从业人员劳动安全、防止职业危害的事项，以及依法为从业人员办理工伤社会保险的事项。施工单位不得以任何形式与从业人员订立协议，免除或者减轻其对从业人员因生产安全事故伤亡依法应承担的责任。施工单位的从业人员有权了解其作业场所和工作岗位存在的危险因素、防范措施及事故应急措施，有权对本单位的安全生产工作提出建议。从业人员有权对本单位安全生产工作中存在的问题提出批评、检举、控告；有权拒绝违章指挥和强令冒险作业。施工单位不得因从业人员对本单位安全生产工作提出批评、检举、控告或者拒绝违章指挥、强令冒险作业而降低其工资、福利等待遇或者解除与其订立的劳动合同。从业人员发现直接危及人身安全的紧急情况时，有权停止作业或者在采取可能的应急措施后撤离作业场所。

施工单位不得因从业人员在前款紧急情况下停止作业或者采取紧急撤离措施而降低其工资、福利等待遇或者解除与其订立的劳动合同。因生产安全事故受到损害的从业人员，除依法享有工伤社会保险外，依照有关民事法律尚有获得赔偿的权利，有权向本单位提出赔偿要求。从业人员在作业过程中，应当严格遵守本单位的安全生产规章制度和操作规程，服从管理，正确佩戴和使用劳动防护用品。从业人员应当接受安全生产教育和培训，掌握本职工作所需的安全生产知识，提高安全生产技能，增强事故预防和应急处理能力。从业人员发现事故隐患或者其他不安全因素，应当立即向现场安全生产管理人员或者本单位负责人报告；接到报告的人员应当及时予以处理。

13. 建筑工程施工企业应怎样接受负有安全生产监督管理职责的部门对自己企业的安全生产状况进行监督检查？

答：建筑工程施工企业应当依据《安全生产法》的规定，自觉接受负有安全生产监督管理职责的部门，依照有关法律、法规的规定和国家标准或者行业标准规定的安全生产条件，对本企业涉及安全生产需要审查批准的事项（包括批准、核准、许可、注册、认证、颁发证照等）进行监督检查。

建筑工程施工企业需协助和配合负有安全生产监督管理职责的部门依法对本企业执行有关安全生产的法律、法规和国家标准或者行业标准的情况进行监督检查，并行使以下职权：①进入生产经营单位进行检查，调阅有关资料，向有关单位和人员了解情况。②对检查中发现的安全生产违法行为，当场予以纠正或者要求限期改正；对依法应当给予行政处罚的行为，依照《安全生产法》和其他有关法律、行政法规的规定作出行政处罚决定。③对检查中发现的事故隐患，应当责令立即排除；重大事故隐患排除前或者排除过程中无法保证安全的，应当责令从危险区域内撤出作业人员，责令暂时停产停业或者停止使用；重大事故隐患排除后，经审查同意，方可恢复生产经营和使用。④对有根据认为不符合保障安全生产的国家标准或者行业标准的设施、设备、器材予以查封或者扣押，并应当在十五日内依法作出处理决定。

施工企业应当指定专人配合安全生产监督检查人员对其安全生产进行检查，对检查的时间、地点、内容、发现的问题及其处理情况作出书面记录，并由检查人员和被检查单位的负责人签字确认。施工单位对负有安全生产监督管理职责的部门的监督检查人员依法履行监督检查职责，应当予以配合，不得拒绝、阻挠。

14. 施工企业发生生产安全事故后的处理程序是什么？

答：施工单位发生生产安全事故后，事故现场有关人员应当立即报告本单位负责人。单位负责人接到事故报告后，应当迅速采取有效措施，组织抢救，防止事故扩大，减少人员伤亡和财产损失，并按照国家有关规定立即如实报告当地负有安全生产监督管理职责的部门，不得隐瞒不报、谎报或者拖延不报，不得故意破坏事故现场，毁灭有关证据。

负有安全生产监督管理职责的部门接到事故报告后，应当立即按照国家有关规定上报事故情况。负有安全生产监督管理职责的部门和有关地方人民政府对事故情况不得隐瞒不报、谎报或者拖延不报。

有关地方人民政府和负有安全生产监督管理职责的部门的负责人接到重大生产安全事故报告后，应当立即赶到事故现场，组织事故抢救。任何单位和个人都应当支持、配合事故抢救，并提供一切便利条件。

15. 安全事故的调查与处理以及事故责任认定应遵循哪些原则？

答：事故调查处理应当遵循实事求是、尊重科学的原则，及时、准确地查清事故原因，查明事故性质和责任，总结事故教训，提出整改措施。

16. 施工企业的安全责任有哪些内容？

答：《安全生产法》规定：施工单位的决策机构、主要负责人、个人经营的投资人应依照《安全生产法》的规定，保证安全生产所必需的资金投入，确保生产经营单位具备安全生产条件。施工单位的主要负责人应履行《安全生产法》规定的安全生产管理职责。

施工单位应履行下列职责：

（1）按照规定设立安全生产管理机构或者配备安全生产管理人员；

（2）危险物品的生产、经营、储存单位以及矿山、建筑施工单位的主要负责人和安全生产管理人员应按照规定经考核合格；

（3）按照《安全生产法》的规定，对从业人员进行安全生产教育和培训，或者按照《安全生产法》的规定如实告知从业人员有关的安全生产事项；

（4）特种作业人员应按照规定经专门的安全作业培训并取得特种作业操作资格证书，上岗作业。用于生产、储存危险物品的建设项目的施工单位应按照批准的安全设施设计施工，项目竣工投入生产或者使用前，安全设施经验收合格；应在有较大危险因素的生产经营场所和有关设施、设备上设置明显的安全警示标志；安全设备的安装、使用、检测、改造和报废应符合国家标准或者行业标准；为从业人员提供符合国家标准或者行业标准的劳动防护用品；对安全设备进行经常性维护、保养和定期检测；不使用国家明令淘汰、禁止使用的危及生产安全的工艺、设备；特种设备以及危险物品的容器、运输工具经取得专业资质的机构检测、检验合格，取得安全使用证或者安全标志后再投入使用；进行爆破、吊装等危险作业，应安排专门管理人员进行现场安全管理。

17. 施工企业的工程质量的责任和义务各有哪些内容？

答：《建筑法》和《建设工程质量管理条例》规定的施工企业的工程质量的责任和义务包括：做到在资质等级许可的范围内承揽工程；做到不允许其他单位或个人以自己单位的名义承揽工程；施工单位不得转包或者违法分包工程。施工单位对建设工程的施工质量负责。施工单位应当建立质量责任制，确定工程项目的项目经理、技术负责人和施工管理负责人。建设工程实行总承包的总承包单位应当对全部建设工程质量负责，分包单位应当按照分包合同的约定对其分包工程的质量负责。施工单位应按照工程设计图纸和施工技术标准施工，不得擅自修改工程设计，不得偷工减料；对施工过程中出现的质量问题或竣工验收不合格的工程项目，应当负责返修。施工单位在组织施工中应当准确全面理解工程项目相关设计规范和施工验收规范的规定，地方和行业法规与标准的规定。

18. 什么是劳动合同？劳动合同的形式有哪些？怎样订立和变更劳动合同？无效劳动合同的构成条件有哪些？

答：为了确定及调整劳动者各主体之间的关系，明确劳动合同双方当事人的权利和义务，确保劳动者的合法权益，构建和发展和谐稳定的劳动关系，依据相关法律、法规、用人单位和劳动者双方的意愿等所签订的确定契约称为劳动合同。

劳动合同分为固定期限劳动合同、无固定期限劳动合同和以完成一定工作任务为期限的劳动合同等。固定期限劳动合同，是指用人单位与劳动者约定终止时间的劳动合同。用人单位与劳动者协商一致，可以订立固定期限劳动合同。无固定期限劳动合同，是指用人单位与劳动者约定无确定终止时间的劳动合同。以完成一定工作任务为期限的劳动合同是指用人单位与劳动者约定以某项工作的完成为合同期限的劳动合同。

用人单位与劳动者协商一致，并经用人单位与劳动者在劳动合同文本上签字或者盖章后生效。用人单位与劳动者协商一致，可以变更劳动合同约定的内容，变更劳动合同应当采用书面的形式。订立的劳动合同和变更后的劳动合同文本由用人单位和劳动者各执一份。

无效劳动合同，是指当事人签订成立的而国家不予承认其法律效力的合同。劳动合同无效或者部分无效的情形有：

（1）以欺诈、胁迫手段或者乘人之危，使对方在违背真实意思的情况下订立或者变更劳动合同的；

（2）用人单位免除自己的法定责任、排除劳动者权利的；

（3）违反法律、行政法规强制性规定的。对于合同无效或部分无效有争议的，由劳动仲裁机构或者人民法院确定。

19. 怎样解除劳动合同？

答：有下列情形之一者，依照劳动合同法规定的条件、程序，劳动者可以与用人单位解除劳动合同关系：

（1）用人单位与劳动者协商一致的；

（2）劳动者提前30日以书面形式通知用人单位的；

（3）劳动者在试用期内提前三日通知用人单位的；

（4）用人单位未按照劳动合同约定提供劳动保护或者劳动条件的；

（5）用人单位未及时足额支付劳动报酬的；

（6）用人单位未依法为劳动者缴纳社会保险的；

（7）用人单位的规章制度违反法律、法规的规定，损害劳动者利益的；

（8）用人单位以欺诈、胁迫手段或者乘人之危，使劳动者在违背真实意思的情况下订立或变更劳动合同的；

（9）用人单位在劳动合同中免除自己的法定责任、排除劳动者权利的；

（10）用人单位违反法律、行政法规强制性规定的；

（11）用人单位以暴力威胁或者非法限制人身自由的手段强迫劳动者劳动的；

（12）用人单位违章指挥、强令冒险作业危及劳动者人身安全的；

（13）法律行政法规规定劳动者可以解除劳动合同的其他情形。

有下列情形之一者，依照劳动合同法规定的条件、程序，用人单位可以与劳动者解除劳动合同关系：

（1）用人单位与劳动者协商一致的；

（2）劳动者在使用期间被证明不符合录用条件的；

（3）劳动者严重违反用人单位的规章制度的；

（4）劳动者严重失职，营私舞弊，给用人单位造成重大损失的；

（5）劳动者与其他单位建立劳动关系，对完成本单位的工作任务造成严重影响，或者经用人单位提出，拒不改正的；

（6）劳动者以欺诈、胁迫手段或者乘人之危，使用人单位在违背真实意思的情况下订立或变更劳动合同的；

（7）劳动者被依法追究刑事责任的；

（8）劳动者患病或者因工负伤不能从事原工作，也不能从事由用人单位另行安排的工作的；

（9）劳动者不能胜任工作，经培训或者调整工作岗位，仍不能胜任工作的；

（10）劳动合同订立所依据的客观情况发生重大变化，致使劳动合同无法履行，经用人单位与劳动者协商，未能就变更劳动合同内容达成协议的；

（11）用人单位依照企业破产法规定进行重整的；

（12）用人单位生产经营发生严重困难的；

（13）企业转产、重大技术革新或者经营方式调整，经变更劳动合同后，仍需裁减人员的；

（14）其他因劳动合同订立时所依据的客观情况发生重大变化，致使劳动合同无法履行的。

20. 什么是集体合同？集体合同的效力有哪些？集体合同的内容和订立程序各有哪些内容？

答：企业职工一方与企业就劳动报酬、工作时间、休息休假、劳动安全卫生、保险福利等事项，签订的合同称为集体合同。集体合同草案应当提交职工代表大会或者全体职工讨论通过。集体合同由工会代表职工与企业签订；没有建立工会的企业，由职工推举的代表与企业签订。集体合同签订后应当报送行政部门；人力资源和社会保障行政部门自收到集体合同文本之日起十五日内未提出异议的，集体合同即行生效。

依法订立的集体合同对用人单位和劳动者具有约束力。行业性、区域性集体合同对当地本行业、本区域的用人单位和劳动者具有约束力。依法订立的集体合同对企业和企业全体职工具有约束力。职工个人与企业订立的劳动合同中劳动条件和劳动报酬等标准不得低于集体合同的规定。集体合同中的劳动报酬和劳动条件不得低于当地人民政府规定的最低标准。

21. 《劳动法》对劳动卫生作了哪些规定？

答：用人单位必须建立、健全劳动安全卫生制度，严格执行国家劳动安全卫生规程和标准，对劳动者进行劳动安全卫生教育，防止劳动过程中的事故，减少职业危害。劳动安全卫生设施必须符合国家规定的标准。新建、改建、扩建工程的劳动安全卫生设施必须与主体工程同时设计、同时施工、同时投入生产和使用。用人单位必须为劳动者提供符合国家规定的劳动安全卫生条件和必要的劳动防护用品，对从事有职业危害作业的劳动者应当定期进行健康检查。

第二节 工程材料的基本知识

1. 室外给水管材、管件是怎样分类的？

答：（1）给水管材类型

1）热轧无缝钢管。

2）冷拔或冷轧精密无缝钢管。

3）低压流体输送用镀锌焊接钢管及焊接钢管。

（2）管件（可锻铸铁管路连接件）

1）外接接头（又称为外接管、套筒、束结、套管、管子箍、内螺丝、直接头），它的主要用途是连接两根公称直径相同的管子。

2）异形接头（其他名称为异形束结、异形管子箍、大小头、大头小等），主要用于两根公称直径不同的管子，使管路通径缩小。

3）活接头（其他名称为活螺丝、连接螺母、由任），它主要用途和外接头相同，但比外接头拆卸方便，多用于时常需要装拆的管路上。

4）内接头（其他名称为六角内接头、外螺丝、六角外螺丝、外丝箍），它主要用于两个公称直径相同的内螺纹管件或阀门。

5）内外螺丝（其他名称为补芯、管子衬、内外螺母），它主要用于外螺纹一段配合外接头与大通径管子或内螺纹管件连接，内螺纹一端则直接与小直径的管子连接，使管路通径缩小。

6）锁紧螺母（其他名称为根母、防松螺帽、纳子），用于通丝外接头或其他管件。

7）弯头（其他名称 90°弯头、直角弯）。

8）异径弯头（其他名称为异径 90°弯头、大小弯），它主要用于连接两根直径不同的管子，使管路作 90°转弯和通径缩小。

9）外丝月弯（其他名称为 90°月弯、90°肘弯，肘弯），其用途与弯头相同，主要用于弯度较大的管路上。

10）45°弯头（其他名称为直弯、直冲、半弯、135°弯头），其作用是连接两根直径相同的管子，使管路作 45°转弯。

11）三通（其他名称为丁字弯、三叉、三路通、三露天），其用途是从直管中接出支管用，连接的三根管子公称直径相同。

12）中小异径三通（其他名称为中小三通、异形三叉、异径三通、中小天），与三通相似，但从支管接出的管子公称直径小于从直管接出的管子的公称直径。

13）中大异径三通（其他名称为中大三通、异径三叉、中大天），与三通相似，但从支管接出的管子公称直径大于从直管接出的管子公称直径。

14）四通（其他名称为四叉、十字接头、十字天），用来连接四根公称直径相同，并成垂直相交的管子。

15）异径四通（其他名称为异径四叉、中小十字天），用途与四通相似，但管子的公称直径有两种，其中相对的两根管子直径是相同的。

16）外方管堵（其他名称为塞头、管子堵、管子塞、丝堵、闷头、管堵），其用途是用来堵塞管道，以阻止管路中介质泄漏，并可以阻止杂物侵入管路内，通常需与外接头、三通等管件配合使用。

17）管帽（其他名称为盖头、闷头、管子盖），其用途是用来封堵管路，作用与管堵相同，但管帽可直接旋在管子上，不需要其他管件配合。

2. 给水附件怎样分类？各自的用途是什么？

答：（1）管法兰

常用的可分为以下两大类：

1）平焊钢制管法兰（其他名称为平焊钢法兰）及对接焊钢制管法兰（其他名称为对焊钢法兰），其用途就是焊接在钢管两端，用来跟其他带法兰的钢管、阀门或管件进行连接。

2）螺纹管法兰（其他名称为螺纹法兰、丝扣法兰），其用途是用来旋在两端带螺纹的钢管上，以便与其他带法兰的钢管或阀门、管件进行连接。

（2）阀门

常用的阀门分为以下几类：

1）截止阀。内螺纹截止阀（其他名称为丝扣球型、七门、气揿等）；截止阀（其他名称为法兰截止阀、法兰球形阀、法兰气门、法兰气揿）；内螺纹角式截止阀（其他名称为丝口角式截止阀）。它们的用途是装在管路或设备上，用以启闭管路中介质，是应用比较广泛的一种阀门。角式截止阀适用于管路成 90°相交处。

2）旋塞阀。

① 内螺纹旋塞阀（其他名称为内螺纹填料旋塞、内螺纹直通填料旋塞、轧兰泗汀角、压盖转心门、考克、十字揿等）；旋塞阀（其他名称为法兰填料旋塞、法兰直通填料旋塞、法兰轧兰泗汀角、法兰压盖转心门）。它们的用途是通过装在管路中，用以启闭管路中介质，其特点是开关迅速。

② 三通旋塞阀（其他名称为内螺纹三通式旋塞阀、内螺纹三通填料旋塞、三路轧兰泗汀角、三路压盖转心门）；三路式旋塞阀（其他名称为三通式旋塞阀、三路法兰轧兰泗汀角、三路法兰压盖转心门）。其用途是装于 T 形管路上，除作为管路开关设备用外，还具有分配换向作用。

3）止回阀。

① 升降式止回阀。内螺纹升降式止回阀（其他名称为升降式逆止阀、直式单流阀、顶水门、横式止回阀）；升降式止回阀（其他名称为法兰升降式逆止阀、法兰直式单流阀、法兰顶水门、横式止回阀）。它们的用途是装在水平管路或设备上，以阻止管

路、设备中介质倒流。

②旋转式止回阀。内螺纹旋启式止回阀（其他名称为铰链逆止阀、铰链直流阀、铰链阀）；旋启式止回阀（其他名称为法兰旋启式逆止阀、法兰铰链直流阀、法兰铰链阀）；它们的用途是装在水平或垂直管路或设备上，以阻止其中介质倒流。

4）球阀。球阀的主要作用是装于管路上用以启闭管路中介质，其特点是结构简单、开关迅速。

5）冷水嘴及接管水嘴。冷水嘴（其他名称为自来水龙头、水嘴）；接管水嘴（其他名称为皮带龙头、接口水嘴、皮带水嘴）。它们的作用是装于自来水管路上作为放水设备，它们的区别在于接管水嘴多一个活接头，可连接输水胶管，以便把水送到较远的地方。

6）铜热水嘴（其他名称为铜木柄水嘴、木柄龙头、转心水嘴、搬把水嘴），它的用途是装在温度≤100℃，公称压力0.1MPa的热水锅炉或热水桶上，作为放水设备。

7）旋翼式冷水表。其他名称为翼轮速度式水表、液体流量计、水流量计。它的用途是用来记录流经自来水管道的水的总量。按水表计数器是否浸水，分为湿式和干式两种，通常使用的是湿式。

3. 建筑室内给水排水管材是怎样分类的？其应用范围是什么？

答：（1）给水排水管材分类

管材是建筑的经脉，自古以来就广泛使用，现代建筑更是必不可少。现代管材除了有些地方起到结构受力作用外，主要还是起给水和排水的作用。建筑给水排水管材分类主要有以下三种。

1）塑料管

塑料管是个庞大的家族，种类繁多、性质各异，不同的塑料管材，各由不相同的原料构成，也相应有各种不相同的性能特点、连接方式和适用范围。

2）复合管

复合管一般由金属和非金属复合而成，它兼有金属管材强度大、刚性好和非金属管材耐腐蚀的优点，同时也摒弃了两类管材的缺点。

3）金属管

是应用最广泛的管材，除了黑色金属管材以外，现在许多有色金属管材为环保节能带来了更多新选择。还有排水陶管以及混凝土输水管，由于其使用范围小，因此只作简单介绍。

（2）建筑给水排水管道及其配件的应用

1）建筑供水系统：叠压（无负压）供水设备、变频调速供水设备、气压给水装置等。

2）建筑雨水系统：虹吸屋面雨水排放收集系统、雨水综合利用及落水系统。

3）建筑中水系统：中水原水收集系统、处理系统和中水供水系统。

4）消防给水系统：消火栓给水系统、消防泵、气压罐及控制系统、消防增压稳压设备、自动喷水灭火系统等。

5）游泳喷泉类：泳池、喷泉给水排水系统；泳池设备、温泉、水上乐园、喷泉、泳池外围设施及配套产品等；消火栓给水系统、消防泵、气压罐及控制系统、消防增压稳压设备、自动喷水灭火系统等。

6）建筑内部排水系统：室内同层排水系统中使用的产品。如隐蔽式水箱、地漏、节水型器具、龙头、大小便器、淋浴器等。

7）建筑热水系统：太阳能热水器与建筑一体化系统；太阳能热水器及系统、太阳能辅助加热装置、（空气源、水源、地源）热泵及复合热泵热水系统。

8）建筑饮水系统：供水净化系统、直饮水系统、终端净水、家庭饮用水过滤系统等。

（3）管道类

各种塑料管道、不锈钢管、铜管、金属波纹管、钢塑复合管、铝塑复合管、涂料钢管、镀锌钢管、铸铁管、非镀锌钢管、镀锌无缝钢管。

（4）泵阀类

供水泵、潜水泵、污水泵、潜污泵等；截止阀、闸阀、蝶阀；止回阀、报警阀、水力控制阀、导流防止器等。

（5）配套产品类

排水清通处理装置、塑料检查井、隔油器、小型污水处理装置、管道清通器械、水箱、储水罐、水箱（池）保洁装置、漏水自动检测报警装置、水表及远程抄表系统；隔振降噪装置、水锤消除器等。

（6）配件类

各类管泵阀及各类给水排水用密封及防腐材料，管道保温防冻、加固、除垢等。

（7）其他排水附件

1）地漏：XN—1 型地漏；DDL—TQ 型多用地漏；DL—1 型地漏；DL—2 型地漏。

2）铜铝地漏盖及箅子。

3）各种形状的承插管。

4）各种三通、四通。

5）存水弯。

6）各种透气口。

7）各种检查口。

4. 卫生器具怎样分类？

答：卫生器具安装工程指用于室内的污水盆、洗涤盆、洗脸（手）盆、盥洗槽、浴盆、淋浴器、大便器、小便器、小便槽、大便冲洗槽、妇女卫生盆、化验盆、排水栓、地漏、加热器、消毒器和饮水器等卫生器具的安装工程。卫生器具是建筑物给水排水系统的重要组成部分，是收集和排放室内生活（或生产）污水的设备。

卫生器具除大便器外，在排水口处，均应设十字形栅，以防止较粗大的杂物进入管内，造成管道阻塞。每一卫生器具下面均应设置存水弯，以阻止臭气逸出。

5. 常用绝缘导线的型号、特性和用途各有哪些内容？

答：常用绝缘导线的型号、特性和用途如下：

（1）聚氯乙烯绝缘电线

它分为 BV、BLV、BLVV、BVR 等类型，该系列电线简称为塑料线，供各类交直流电器装置、电工仪表、电信设备、电力及照明装置配线用。其线芯长期允许工作温度为 65℃，敷设温度不低于－15℃。这类电线按芯数可分为单芯、双芯线、三芯线。按构成可分为：BV 型双芯线、三芯线，BV、BLV 型单芯线、双芯平型线，BVV、BLVV 型双芯及三芯平型护套线。

（2）RV、RVB、RVS、RVV 型聚氯乙烯绝缘软线

RV 是指铜芯聚氯乙烯软线，RVB 是指铜芯聚氯乙烯平型软线，RVS 是指铜芯聚氯乙烯绞型软线，RVV 是指铜芯聚氯乙烯绝缘聚氯乙烯护套软线。其线芯长期允许工作温度为 65℃，敷设温度不低于－15℃。RV、RVB、RVS 型供交流 250V 及以下各种移动电器接线用，RVV 型供交流及以下各种移动电器接线用。

（3）RFB、RFS 型丁腈聚氯乙烯复合物绝缘软线

该产品称为复合物绝缘软线，供交流 250V 及以下和直流 500V 及以下的各种移动电器、无线电设备和照明灯座等接线。

RFB 为复合物绝缘平型软线，FRS 为复合物绝缘绞型软线，线芯的长期允许工作温度为 70℃。

（4）BXF、BLXF、BXR、BLX、BX 形橡皮绝缘线

该系列电线（简称橡皮线），供交流 500V 及以下和直流

1000V 及以下的电器设备和照明装置配线用。线芯的长期允许工作温度为 65℃。

BXF 型氯丁橡皮线具有良好的耐老化性能和不延燃性，并有一定的耐油、耐腐蚀性能，适用于户外敷设。

（5）BXS、RX 型橡皮绝缘棉纱编织软线

该产品适用于交流 250V 及以下、直流 500V 及以下的室内干燥场所，供各种移动式日用电器设备和照明灯座与电源连接用，线芯的长期允许工作温度为 65℃。

（6）FVN 型聚氯乙烯绝缘尼龙护套电线

该电线系铜芯镀锡聚氯乙烯绝缘尼龙护套电线，用于交流 250V 及以下、直流 500V 及以下的低压线路中。芯线长期允许工作温度为 −60～80℃，在相对湿度 98% 的条件下使用时环境温度应小于 45℃。

（7）电力和照明用聚氯乙烯绝缘软线

该产品采用各种不同的铜芯线、绝缘及护套，能耐酸、碱、盐和许多溶剂的腐蚀，能经得起潮湿的霉菌作用，并具有阻燃性能，还可以制成各种颜色有利于接线操作及区别线路。

6. 电力线缆的种类有哪些？电力线缆的基本结构是什么？

答：（1）电力线缆的种类

按绝缘材料的不同，常用的电力电缆有以下几种：

1）油浸纸绝缘电缆。

2）聚氯乙烯绝缘、聚氯乙烯护套电缆，即全塑电缆。

3）交联聚乙烯绝缘、聚氯乙烯护套电缆，即橡皮电缆。

4）橡皮绝缘、聚氯乙烯护套电缆，即橡套软电缆。

电缆的型号是由许多字母和数字排列组合而成的，具体字母的含义详见有关专门资料。

（2）电力线缆的基本结构

电力线缆是在绝缘导线的外面加上增强绝缘层和防护层的导线，一般由许多层构成。一根电缆内可以有若干根芯线，电力线

缆一般有单芯、双芯、三芯、四芯和五芯等几种，控制电缆为多芯。线芯的外部为绝缘层。多芯线缆的线芯之间加填料（黄麻或塑料），多芯线合并后外表再加一层绝缘层，其绝缘层外是铝或铅保护层，保护层外面是绝缘护套，护套外有些还要加钢铠防护层，以增加电缆的抗拉和抗压强度，钢铠的外面还要加绝缘层。由于电缆具有良好的绝缘层和防护层，敷设时不需要另外采用其他绝缘措施。

7. 电线穿管的种类、特性和用途各有哪些内容？

答：电线穿管分为塑料管、自熄塑料电线管和聚乙烯电线管等，它们各自的特性和应用情况如下。

（1）塑料管

用普通塑料加工制造而成，用于一般户内穿墙线管。材质轻、价格低廉，应用较多。

（2）自熄塑料电线管

它以改性聚氯乙烯作材料，隔电性能优良，耐腐蚀、自熄性能良好，并且韧性大，曲折不易断裂。其全套组件的连接只需用胶粘剂粘结，与金属管比较，减轻了重量，降低了造价，色泽鲜艳，故具有防火、绝缘、耐腐、材轻、美观、廉价、便于施工等优点。

（3）聚乙烯电线管

该电线管供水泥地坪或混凝土构件内暗敷或明敷保护照明线路用。

8. 照明灯具的电光源怎样分类？它们各有哪些特性？

答：照明灯具的电光源的分类和特性包括以下方面。

（1）白炽灯

白炽灯是利用钨丝通电发热而发光的一种热辐射光源。它构造简单、使用方便。分为普通灯泡和双螺旋普通照明灯泡。广泛使用在工业与民用建筑及日常生活的照明中。

（2）反射性普通照明灯泡

用聚光型玻壳制造。玻壳圆锥部分的内表面蒸镀有一层反射性能很好的镜面铝膜，因而灯光集中，适用于灯光广告牌、商店、橱窗、展览馆、工地等需要光线集中照射的场合。

（3）蘑菇型普通照明灯泡

主要用于日常生活照明，也可作装饰照明用。灯泡用全磨砂，乳白色的玻壳制造。

（4）装饰灯泡

利用各种颜色玻壳支撑，其种类有磨砂、色彩透明、彩色瓷料及内涂色等，颜色分为红、黄、蓝、绿、白、紫等，色彩均匀鲜艳。可用在建筑、商店、橱窗等处，作为装饰照明用。

（5）彩色灯泡

利用各色的透明材料、内涂色玻璃壳制成。应用在建筑、商店、展览馆、喷泉瀑布等场所装饰照明。

（6）荧光灯管

普通荧光灯为热阴极预热式低气压汞蒸气放电灯，与普通白炽灯相比，发光效率高（约为普通白炽灯的 4 倍）、寿命长、用电省等。

9. 开关、插座、交流电度表等电器装置怎样分类？

答：（1）开关、插座类型

1）组合用活装开关、插座电器装置。型号种类繁多，这里不再逐一介绍。

2）80、86 系列通用开关、按钮。

3）80 系列活装式开关、插座。

4）86 系列活装式开关、插座。

5）86 系列固定开关、插座。

6）80、86 系列开关、插座。

7）金属接线盒。

8）难燃型聚氯乙烯接线盒。

（2）交流电度表

交流电度表分为单相电度表（包括 DD10、DD15、DD17、DD20、DD28 和 DD28—1 等信号）、三相四线有功电度表、三相四线无功电度表、三相三线有功电度表和三相三线无功电度表。

10. 电气材料运输和保管各有哪些注意事项？

答：（1）运输

电气材料在运输时要轻拿轻放，以免损害灯具、灯泡等玻璃制品，同时要注意风雨雪、防潮、防挤压。

（2）保管

电气材料要存放入库，防日晒、雨淋，灯管、灯泡灯具要用箱装，垛高不超过 1.2m，垛底要高于地面 20cm，开关、面板要防潮、防污染。要分门别类、分厂家保管。

第三节 施工图识读、绘制的基本知识

1. 房屋建筑施工图由哪些部分组成？它的作用包括哪些？

答：房屋建筑施工图由以下几部分组成：

（1）设计说明；

（2）各楼层平面布置图；

（3）屋面排水示意图、屋顶间平面布置图及屋面构造图；

（4）外纵墙面及山墙面示意图；

（5）内墙构造详图；

（6）楼梯间、电梯间构造详图；

（7）楼地面构造图；

（8）卫生间、盥洗室平面布置图，墙体及防水构造详图；

（9）消防系统图等。

施工图的主要作用包括：

（1）确定建筑物在建设场地内的平面位置；

（2）确定各功能分区及其布置；

（3）为项目报批、项目招标投标提供基础性参考依据；

（4）指导工程施工，为其他专业的施工提供前提和基础；

（5）是项目结算的重要依据；

（6）是项目后期维修保养的基础性参考依据。

2. 建筑施工图的图示方法及内容各有哪些？

答：建筑施工图的图示方法主要包括：

（1）设计说明；

（2）平面图；

（3）立面图；

（4）剖面图，有必要时加附透视图；

（5）表列汇总等。

建筑施工图的图示内容主要包括：

（1）房屋平面尺寸及其各功能分区的尺寸及面积；

（2）各组成部分的详细构造要求；

（3）各组成部分所用材料的限定；

（4）建筑重要性分级及防火等级的确定；

（5）协调结构、水、电、暖、卫和设备安装的有关规定等。

3. 结构施工图的图示方法及内容各有哪些？

答：结构施工图是表示房屋承重受各种作用的受力体系中各个构件之间相互关系、构件自身信息的设计文件，它包括下部结构的地基基础施工图，上部主体结构中承受作用的墙体、柱、板、梁或屋架等的施工图。

结构施工图包括结构设计总说明、结构平面布置图以及细部构造详图，它们是结构施工图整体中联系紧密、相互补充、相互关联、相辅相成的三部分。

（1）结构设计总说明。结构设计总说明是对结构设计文件全面、概括性的文字说明，包括结构设计依据、适用的规范、规程、标准图集等，结构重要性等级、抗震设防烈度、场地土的类别及工程特性、基础类型、结构类型、选用的主要工程材料、施工注意事项等。

（2）结构平面布置图。结构平面布置图是表示房屋结构中各种结构构件总体平面布置的图样，包括以下三种。

1）基础平面图。基础平面图反映基础在建设场地上的布置、标高、基坑和桩孔尺寸、地下管沟的走向、坡度、出口，地基处理和基础细部设计，以及地基和上部结构的衔接关系的内容。如果是工业建筑还应包括设备基础图。

2）楼层结构布置图。包括底层、标准层结构布置图，主要内容包括各楼层结构构件的组成、连接关系、材料选型、配筋、构造做法，特殊情况下还有施工工艺及顺序等要求的说明等。对于工业厂房，还应包括纵向柱列、横向柱列的确定，吊车梁、连系梁、必要时设置的圈梁、柱间支撑、山墙抗风柱等的设置。

3）屋顶结构布置图。包括屋面梁、板、挑檐、圈梁等的设置、材料选用、配筋及构造要求；工业建筑包括屋架、屋面板、屋面支撑系统、天沟板、天窗架、天窗屋面板、天窗支撑系统的选型、布置和细部构造要求。

（3）细部构造详图。一般构造详图是和平面结构布置图一起绘制和编排的。主要反映基础、梁、板、柱、楼梯、屋架、支撑等的细部构造做法和适用的材料，特殊情况下包括施工工艺和施工环境条件要求等内容。

4. 建筑装饰施工图的图示特点有哪些?

答：（1）按照国家有关现行制图标准，采用相应的材料图例，按照正投影原理绘制而成，必要时绘制所需的透视图、轴测图等。

（2）它是建筑施工图的一种和重要组成部分，只是表达的重点内容与建筑施工图不同、要求也不同。它以建筑设计为基础，制图和识图上有自身的规律，如图样的组成、施工工艺及细部做法的表达方法与建筑施工图有所不同。

（3）装饰施工图受业主的影响大。业主的使用要求是装饰设计的一个主要因素，尤其是在方案设计阶段。设计的图纸最终要业主审查通过后才能进入施工程序。

（4）装饰设计图具有易识别性。图纸面对广大用户和专业施工人员，为了明确反映设计内容，增加与用户的沟通效果，设计需要简单易识别性。

（5）装饰设计涉及的范围广。装饰设计与建筑、结构、水、电、暖、机械设备等都会发生联系，所以和其他单位的项目管理也会发生联系，这就需要协调好各方关系。

（6）装饰施工图详图多，必要时应提供材料样板。装饰设计具有鲜明的个性，设计施工图具有个案性，很多做法难以找到现成的节点图进行引用。装饰装修施工用到的做法多、选材广，为了达到满意的效果，需要材料供应商在设计阶段提供供材样板。

5. 建筑装饰平面布置图的图示方法及内容各有哪些？

答：（1）图示方法

假想用一个水平的剖切平面，在略高于窗台的位置，将结构内外装修后的房屋整个剖开向下投影所得的图。它与建筑平面图相配合，建筑平面图上剖切的部分在装饰施工图上也会体现出来，在图上剖到部分用粗线表示、看到的用细线表示。省去建筑平面图上与装饰无关的或关系不大的内容。装饰图中门窗的平面形式主要用图例表示，其装饰应按比例和投影关系绘制，标明门窗是里装、外装还是中装等，并注明设计编号；垂直构件的装饰形式，可用中实线画出它们的外轮廓，如门窗套、包柱、壁饰、隔断等；墙柱的一般饰面则用细实线表示。各种室内陈设品可用图例表示。图例是简化的投影，一般按中实线画出，对于特征不明显的图例可以用文字注明。

（2）图示内容

1）建筑主体结构，如墙、柱、门窗、台阶等。

2）各功能空间（如客厅、餐厅、卧室等）的家具的平面形状和位置，如沙发、茶几、餐桌、餐椅、酒柜、地柜、床、衣柜、梳妆台、床头柜、书柜、书桌等。

3）厨房的橱柜、操作台、洗涤池等的形状和位置。

4）卫生间的浴缸、大便器、洗手台等的形状和位置。

5）家电的形状和位置。如空调、电冰箱、洗衣机等。

6）隔断、绿化、装饰构件、装饰小品等的布置。

7）标注建筑主体结构的开间和进深尺寸等尺寸、主要的装修尺寸。

8）装修要求等文字说明。

9）装饰视图符号。

6. 室内给水排水施工图的组成包括哪些？

答：给水排水施工图包括室内给水排水、室外给水排水施工图两部分。室内给水排水施工图的组成为：

（1）图样目录。它是将全部施工图进行分类编号，并填入图样目录表格中，一般作为施工图的首页。

（2）设计说明及设备材料表。凡是图纸无法表达或表达不清楚而又必须是施工技术人员所应了解的内容，均应用文字说明。包括所用的尺寸单位、施工时的质量要求、采用材料、设备的型号与规格、某些施工做法及设计图中采用标准图集的名称等。

（3）给水排水平面图。又称俯视图，主要表达内容为各用水设备的类型及平面位置；各干管、立管、支管的平面位置，立管编号及管道的敷设方法，管道附件如阀门、消火栓、清扫口的位置；给水引入管和污水排出管的平面位置、编号以及与室外给排水管网的联系等。多层建筑给排水平面图，原则上分层绘制，一般包括地下室或底层、标准层、顶层及水箱间给排水平面图等，各种卫生器具、管件、附件及阀门等均应按《建筑给水排水制图标准》GB/T 50106—2010 中的规定绘制。

（4）给水排水系统图。主要表达管道系统在各楼层间前后、左右的空间位置及相互关系；各管段的管径、坡度、标高和立管编号；给水阀门、龙头、存水弯、地漏、清扫口、检查口等管道附件的位置等。一般采用正面斜轴测投影法绘制。

（5）施工详图。凡是在以上图纸无法表达清楚的局部构造或由于比例原因不能表达清楚的内容，必须绘制施工详图。施工详图优先采用标准图，通用施工详图系列，如卫生器具安装、阀门井、水表井、局部污水处理改造等均可选择相应的标准图作为施工详图。

7. 室外给水排水施工图包括哪些内容？

答：室外给水排水施工图一般由平面图、断面图和详图等组成。

（1）管网平面布置图。管网平面布置图应以管道布置为重点，用粗线条重点表示室外给水排水管道的位置、走向、管径、标高、管线长度；小区给水排水标高构筑物（水表井、阀门井、排水检查井、化粪池、雨水口等）的平面位置、分布情况及编号等。

（2）管道断面图。它可以分为横断面图与纵断面图，常见的是纵断面图。管道纵断面图是在某一部位沿管道纵向垂直剖切后的可见图形，用于表明设备和管道的里面形状、安装高度及管道和管道之间的布置与连接关系。管道纵断面图的内容包括干管的管径、埋设深度、地面标高、管顶标高、排水管的水面标高、与其他管道及地沟的距离和相对位置、管线长度、坡度、管道转向及构筑物编号等。

（3）详图。它主要反映各给水排水构筑物的构造、支管与干管的连接方法、附件的做法等，一般有标准图提供。

8. 怎样读识室内给水排水施工图？

答：读识室内给水排水施工图时，应首先熟悉图纸目录，了解设计说明，明确设计要求。将给水、排水平面图和系统图对照读识，给水排水系统可从引入管起沿流水方向，经干管、立管、横管、支管到用水设备，将平面图和系统图一一对应阅读；弄清管道的走向、分支位置，各管道的管径、标高，管道上的阀门、水表、升压设备及配水龙头的位置和类型。排水系统可从卫生器具开始，沿水流方向，经支管、横管、立管、干管到排水管依次识读。弄清管道的走向，汇合位置，各管段的管径、坡度、坡向、检查口、清扫口、地漏的位置，通风帽形式等。然后结合平面图、系统图和设计说明仔细识读详图。室内供水排水详图包括节点图、大样图、标准图，主要是管道节点、水表、消火栓、水加热器、卫生器具、套管、管道支架的安装图及卫生间大样图等。图中需注明详细尺寸，可供安装时直接选用。

（1）室内给水排水平面图

1）底层平面图。根据室内给水是从室外到室内的实际，需要从首层或地下室引入，所以，通常应画出用水房间底层给水管网平面图。

2）楼层平面图。如果各楼层的盥洗用房和卫生设备及管道布置完全相同，则需只画出一个相同楼层的平面布置图，但在图中必须注明各楼层的层次和标高。

3）屋顶平面图。当屋顶设有水箱及管道布置时，可单独画出屋顶平面布置图，但如管道布置不太复杂，顶层平面布置图中又有多余图面，与其他设施及管道不致混淆时，可在最高楼层的平面布置图中，用双点长画线画出水箱的位置；如屋顶没有使用给水设备时，则不需画出屋顶平面图。

4）标注。为使土建施工与管道设备的安装能互为配合，在各层的平面布置图上，均需标明墙、柱的定位轴线及其编号并标注轴线间距。管线位置尺寸不标注。

（2）室内给水系统管道轴测图

轴测图上反映的主要内容有给水系统管道的总体情况，包括给水管引入位置、楼层标高，立管位置、管径，安装位置，支管与主管之间的距离，支管各段长度尺寸、管径，以及用水设备（便器、洗脸盆、防污器、小便池、小便挂斗、洗涤池等）的名称、位置，各水平管的标高位置等。

（3）室内排水系统轴测图

轴测图上反映的主要内容有排水系统管道的总体情况，包括给水管引入位置、楼层标高，立管位置、管径，安装位置，支管与主管之间的距离，支管各段长度尺寸、管径，以及排水设备（便器、洗脸盆、防污器、小便池、小便挂斗、洗涤池等）的名称、位置，各水平管的标高位置等。

9. 怎样读识室外给水排水总平面图？

答：（1）室外给水总平面图主要表达建筑物室内、外管道的连接和室外管道的布置情况。

（2）室外给水排水总平面图的特点：

①室外总平面图常用的比例为1：500～1：2000，一般与建筑总平面图相同。②建筑物及各种附属设施。小区内的房屋、道路、草坪、广场、围墙等，均可按总建筑平面图的比例，用0.25b的细实线画出外框。在房屋屋角部位画上与楼层数相同个数的小黑点表示楼层数。③管径、检查井编号及标高，应按制图规范的规定对以上设施的详细内容进行标设。④指北针或风玫瑰图。用以反映小区平面布置方向，以及各管道走向。⑤图例。在给水排水总平面图上，应列出该图所用的所有图例，以便识读。⑥施工说明。包括标高、尺寸、管径的单位；与室内地面标高±0.000m相当的绝对标高值；管道的设置方式（明装或暗装）；各种管道的材料及防腐、防冻措施；卫生器具的规格、冲洗水箱的容积；检查井的尺寸；所套用的标准图的图号；安装质量的验收标准；其他施工要求。

10. 怎样读识室外给水排水系统图？

答：（1）根据水流方向，一次循序渐进，一般可以引入管、干管、立管、横管、直管、支管、配水器等顺序进行。如果设有屋顶水箱分层供水，则立管穿过各楼层后进入水箱，再以水箱出水管、干管、立管、横管、支管、配水器等顺序进行，屋顶还应注意排气帽的标高位置。

（2）底层给水排水平面图的管道系统编号分为，供水管道系统，编号用圆圈内分数线上为"J"，分母用"1"表示；其中字母"J"为"净水"汉语拼音第一个字的声母，"1"代表净水系统的个数。同样废水系统、污水系统也可用类似的方法表示。在净水、废水、污水系统图上应该标清楚各分支系统管道的标高位置、管径、与主管和立管之间的距离等位置尺寸。

（3）污水、废水系统的流程正好与给水系统的流程相反，一般可按卫生器具或排水设备的存水弯、排水直管、排水横管、立管、排出管、检查井（窨井）等的顺序进行，通常先在底层给水排水平面图中，看清各排水管道和各楼层、地面的立管，接着看各楼层的立管是如何伸展的。

11. 怎样读识室外管网平面布置图？

答：为了说明新建房屋室内给水排水与室外管网的连接情况，通常还用小比例（1：500或1：1000）画出室外管网总平面图。在该图中只画局部室外管网的干管，用以说明与给水引入管、与排水排出管的连接情况。

（1）给水管的材料

包括塑料管、铸铁管、钢管和其他管材等，如铜管、不锈钢管、钢塑复合管、铝塑复合管等。

（2）给水附件

① 供水附件包括旋塞式水龙头、陶瓷芯片式水龙头、盥洗水龙头、混合水龙头、自动控制水龙头。

② 控制附件包括截止阀、闸阀、蝶阀、止回阀、球阀、减压阀、安全阀等。

12. 怎样读识居民住宅配电及照明施工图？

答：（1）配电系统图的读识

通常居民住宅楼采用电源为三相四线 380/220V 引入，采用 TN—C—S，电源在进户总配电箱重复接地。

1）系统特点

系统采用三相四线制，架空或地沟中引入，通常导线为三根 35mm²，加一根 25mm² 的橡皮绝缘铜线（BX），引入后穿直径为 50mm 的焊接钢管（SC）埋地（FC）；引入到第一个单元总配电箱。第二单元总配电箱的电源由第一单元总配电箱经导线穿管埋地引入，导线为三根 35mm²，加两根 25mm² 的塑料绝缘铜线（BV），35mm² 的导线为相线，25mm² 的导线一根为 N 线，一根为 PE 线。穿管均为直径 50mm 的焊接钢管。其他单元总配电箱电源的取得与上述相同。

2）照明配电箱

底层照明配电箱采用 XRB03—G1（A）型改制，其他层采用 XRB03—G2（B），其主要区别是前者有单元的总计量电能表，并增加了地下室和楼梯间照明回路。

XRB03—G1（A）型配电箱配备三相四线制总电能表一块，型号 DT862—10（40）A，额定电流 10A，最大负荷 40A；配备总控三极低压断路器，型号 C45N/3P—40A，整定电流 40A。

供用户使用的回路，配备单项电能表一块，型号为 DD862—5（20）A，额定电流 5A，最大负荷 20A，不设总开关。每个回路又分为三个支路，分别供餐厅、卧室和客厅、厨房和卫生间插座。照明支路设双极低压断路器作为控制和保护用，型号 C45NL—60/2P，整定电流 6A；另外两个插座支路均设单极漏电开关作为控制和保护用，型号为 C45NL—60/1P，额度电流 10A。从配电箱引自各个支路的导线均采用塑料绝缘铜线穿阻燃塑料管（PVC），保护管直径 15mm。

XRB03—G2（B）型配电箱不设总电能表，只分几个，供每层各用户使用，每个回路用户分为三个支路，其他内容与回路 XRB03—G1（A）型相同。

（2）标准层照明平面图

1）根据设计说明，图纸所有管线均采用焊接钢管或 PVC 阻燃塑料管沿墙或楼板内敷设，管径 15mm，采用塑料绝缘铜线，截面面积 2.5mm^2，管内导线根数按图中标注，在黑线（表示管线）上没有标注的均为两根导线，凡用斜线标注的应按斜线标注的根数计。

2）电源通常是从楼梯间的照明配电箱引入的，一梯两户时分为左、右户，一梯三户时分为左户、中户、右户。每户内照明支路的灯排号、盏数、功率都在图上标注出来了。

为了节省篇幅，标准层配电平面图上的信息这里不再一一列举。

13. 照明平面图读识应注意的问题有哪些？

答：照明平面图读识应注意的几个问题如下：

（1）照明电路管线的敷设基本与动力管线敷设的方法相同，其中干线已于动力线路中敷设在竖井或电缆桥架内，其余管线均采用焊接钢管内穿 BV 铜蕊线，在现浇板内或吊顶内暗设。

（2）灯具的安装分为顶板上吊装或吸顶装、壁装等。因此，应与土建图样相对应。管线的敷设应适应灯具安装方式。

（3）注意管线敷设的穿上和引下，要对应上层与下层的具体位置。开关及其规格型号应与所控灯具的回路对应。

（4）与系统图对照读图。

14. 电力线缆的敷设方法有哪些？

答：常用的电缆敷设方法有直接埋地敷设、电缆沟敷设、电缆隧道敷设、排管敷设、室外支架敷设和桥架线槽敷设等。

（1）电缆直接埋地敷设

它是电力线缆敷设中最常用的一种方法。当同一路径的室外电缆根数为 8 根及以下，且场地条件有限时，电缆宜采用直接埋地敷设。这种敷设电缆的方法施工简单、经济适用，电缆散热良好，也适用于电力线缆敷设距离较长的场所。

（2）电缆排管敷设

按照一定的孔数和排列预制好的水泥管块，再用水泥砂浆浇注成一个整体，然后将电缆穿入管中，这种方法就称为电缆排管敷设。电缆排管敷设方式适用于电缆数量不多，但道路交叉较多、路径拥挤，且不宜采用直埋或电缆沟敷设的地段。电缆排管可采用钢管、硬质聚氯乙烯管、石棉水泥管和混凝土管块等。

（3）电缆沟敷设

当平行敷设电缆根数较多时，可采用电缆沟或电缆隧道内敷设的方式。这种方式一般用于工厂厂区内。电缆隧道可以说是尺寸较大的电缆沟，是用砖砌筑或用混凝土浇筑而成的。沟顶部用钢筋混凝土盖板盖住。沟内有电缆支架，电缆均挂在支架上，支架可在沟侧壁一侧布置，也可在沟的两侧布置。

（4）电缆明敷设

电缆明敷设是将电缆直接敷设在构架上，可以像电缆沟中一样，使用支架，也可以使用钢索悬挂或用挂钩悬挂。

（5）室外支架敷设

室外支架敷设是将电缆用设在墙上的专用支架悬空架设、固定，以达到敷设目的的一种电缆敷设方法。它是厂区、居民小区使用较多的一种电缆敷设方法。它的特点是省时、省力、经济、快速。

其他电力线缆敷设的方法从略。

15. 建筑物防雷接地施工图包括哪些内容？

答：（1）设计说明中涉及的内容

1）防雷等级。根据自然条件、当地雷电日数、建筑物的重要程度确定防雷等级或类别。

2）防直击雷、防电磁感应、防侧击雷、防雷电波侵入和等电位的措施。

3）当用钢筋混凝土内的钢筋作接闪器、引下线和接地装置时，应说明采取的措施和要求。

4）防雷接地阻值的确定，如对接地装置作特殊处理时，应说明措施、方法和达到的阻值要求。当利用共用接地装置时，应明确阻值要求。

（2）初步设计阶段

此阶段，建筑防雷工程一般不出图，特殊工程只出顶视平面图，画出接闪器、引下线和接地装置平面布置，并注明材料规格。

（3）施工设计阶段

绘出建筑物或构筑物防雷顶视平面图和接地平面图。小型建筑物仅绘制顶视平面图，形状复杂的大型建筑应加绘立面图，注明标高和主要尺寸。图中需要绘出避雷针、避雷带、接地线和接地极、断接卡等的平面位置，标明材料规格、相对尺寸等。而利用建筑物或构筑物内的钢筋作防雷接闪器、引下线和接地装置时，应标出连接点、预埋件及敷设形式，特别要标出索引图编号、页次。

图中需说明内容有防雷等级和采取的防雷措施（包括防雷电波侵入），以及接地装置形式、接地电阻值、接地材料规格和埋设方法。利用桩基、钢筋混凝土内的钢筋接地时，说明应采取的措施。

16. 室内供暖施工图由哪些内容组成?

答:室内供暖系统施工图包括图样目录、设计施工说明、设备材料表、供暖平面图、供暖系统图、详图及标准图等。

（1）图样目录和设备材料表

它的要求同给水排水施工图,一般放在整套施工图的首页。

（2）设计说明

它主要说明供暖系统热负荷、热媒种类及参数、系统阻力、采用管材及连接方式、散热器的种类及安装要求、管道的防腐保温做法等。

（3）供暖平面图

它包括首层、标准层和顶层供暖平面图。其主要内容有热力入口的位置,干管和支管的位置,立管的位置及编号,室内地沟的位置和尺寸,散热器的位置和数量,阀门、集气罐、管道支架及伸缩器的平面位置、规格及型号等。

（4）供暖系统图

它采用单线条绘制,与平面图比例相同。它是表示供暖系统空间布置情况和散热器连接形式的立体透视图。系统图应标注各管段管径的大小,水平管段的标高、坡度,阀门的位置,散热器的数量及支管的连接形式,与平面图对照可反映供暖系统的全貌。

（5）详图和标准图

详图和标准图要求与给水排水施工图相同。

17. 室外供热管网施工图由哪几部分组成?

答:室外供热管网施工图通常由平面图、断面图（纵剖面、横剖面）和详图等组成。

（1）室外供热管网平面图

它的主要内容包括室外地形标高、等高线的分布,热源或换热站的平面位置,供热管网的敷设方式,补偿器、阀门、固定支架的位置，热力入口、检查井的位置和编号等。

（2）室外供热管网断面图

室外供热管网采用地沟或直埋敷设时，应绘制管线纵向或横向剖面图。纵、横剖面图主要反映管道及构筑物纵、横立面的布置情况，并将平面图上无法表示的立体情况表示清楚，所以，它是平面图的辅助图样。纵剖面图主要内容包括地面标高、沟顶标高、沟底标高、管道标高、管径、坡度、管段长度、检查井编号及管道转向等内容；横剖面图包括地沟断面构造及尺寸、管道与沟间距、管道与管道间距、支架的位置等。

（3）详图

它是对局部节点或构筑物放大比例绘制的施工图，主要有热力入口、检查井等构筑物的做法以及干管的连接情况等，管道可用单线条绘制，也可用双线条绘制。

18. 怎样读识供暖平面施工图？

答：在识读供暖施工平面图时，首先要分清热水供水管和热水回水管，并判断出管线的排布方法是上行式、下行式、单管式、双管式中的哪种形式；然后查清各散热器的位置、数量以及其他原件（如阀门等）的位置、型号；最后按供热管网的走向顺序读图。在识读平面图时，按照热水供水管的走向顺序读图。识读供暖平面施工图时应从以下几个方面着手：

（1）入口与出口

查找供暖总管入口和回水总管出口的位置、管径和坡度及一些附件。引入管一般在建筑物中间、两端或单元入口处。总管入口处一般由减压阀、混水器、疏水器、分水器、分水缸、除污器、控制阀门等组成。如果平面图上注明有入口节点图的，阅读时则要按平面图所注节点图的编号查找入口图进行识图。

（2）干管的布置

了解干管的布置方式，干管的管径，干管上的阀门、固定支架、补偿器等的平面位置和型号等。识图时要查看干管是敷设在最顶层（是上供式系统）、中间层（是中供式系统）、还是最底层（是下供式系统）。在底层平面图中一般会出现回水干管，一般用粗虚线表示。如果干管最高处设有集气罐，则说明为热水关系图；如果散热器出口处和底层干管上出现有疏水器，则说明干管（虚线表示）为凝结水管，从而表明该系统为蒸汽供热系统。读图时还应弄清楚补偿器和固定支架的平面位置及种类。为了防止供热管道升温时由于热伸长或温度应力而引发管道变形或破坏，需要在管道上设置补偿器。供热系统中的补偿器常用的有方形补偿器和自然补偿器。

（3）立管

查找立管的数量和布置位置。复杂的系统有立管编号，简单的系统可不对立管编号。

（4）建筑物内设置的散热器位置、种类、数量

查找建筑物内散热设备（散热器、辐射板、暖风机）的平面位置、种类、数量（片数）以及散热器的安装方式。散热器一般布置在外窗内侧窗台下（也有沿内墙布置的）。散热器的安装有明装、半暗装、暗装。通常散热器以明装较多。结合图纸说明确定散热器的种类和安装方式及要求。

（5）各设备管道连接情况

对热水供暖系统，查找膨胀水箱、集气罐等设备的平面位置、规格尺寸及与其他连接的管道情况。热水供暖系统的集气罐一般装在系统最宜集气的地方，装在立管顶端的为立式集气罐，装在供水干管末端的为卧式集气罐。

19. 怎样读识供暖系统轴测图和供暖详图？

答：（1）供暖系统轴测图

1）查找入口装置的组成和热入口处热媒来源、流向、坡口、管道标高、管径及入口采用的标准图号或节点图编号。

2）查找各段管的管径、坡度、坡向、设备的标高和各立管

的编号。一般情况下，系统图中各管段两端均注有管径，即变径管两端要注明管径。

3）查找散热器型号、规格和数量。

4）查找阀门、附件、设备及在空间的布置位置。

（2）供暖详图

1）搞清楚施工图中暖气支管与散热器和立管之间的连接形式，散热器与地面、墙面之间的安装尺寸、结合方式及结合件本身的构造。

2）对供暖施工图，一般只绘制平面图、系统图和通用标准图中所缺的局部节点图。在阅读供暖详图时，要弄清管道的连接做法，设备的局部构造尺寸、安装位置和做法等。

20. 怎样读识供暖自动排气阀安装施工图？

答：（1）自动排气阀安装在系统最高点和每条干管的终点，排气阀适用型号及具体设置位置应由设计给出。

（2）安装排气阀前应先安装截断阀，当系统试压、冲洗合格后才可装排气阀。

（3）安装前不应拆解或拧动排气阀端的阀帽。

（4）排气阀安装后，使用之前将排气阀短的阀帽拧动1~2圈。

21. 怎样读识供暖散热器安装组对施工图？

答：（1）散热器片制造质量应检查合格，特别是机加工部分，如凸缘及内外螺纹等，应符合技术标准。

（2）组对散热器前还应按照《采暖散热器系列数、螺纹及配件》JG/T 6—1999对散热器的补芯、对丝、丝堵进行检查，其外形尺寸应符合图1-1的要求。

（3）散热器组对所用垫片材质，对设计无要求时应采用耐热橡胶产品垫片，组对后垫片外露和内伸不应大于1mm。

（4）散热器组对后，水压试验前，散热器的补芯、丝堵、手动放气阀等附件应组装齐全，并接受水压试验检查。

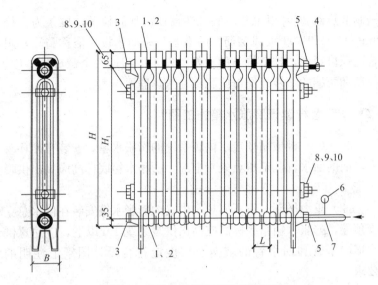

图 1-1 采暖散热器安装组对施工图

1—对丝；2—垫片；3—丝堵；4—手动放气阀；5—补芯；

6—散热器试压压力表；7—组对后试压进水管；8—拉杆；9—螺母；10—垫板

（5）散热器组对后的平直度标准应符合表 1-1 的要求。

散热器组对后的平直度标准 表 1-1

散热器种类	片　　数	允许偏差（mm）
长翼型	2~4	4
	5~7	6
铸铁片数	3~15	4
钢制片数	16~15	6

　　散热器组对后，或整组出厂的散热器在安装前应做水压试验。试验压力如无设计要求时应为工作压力的 1.5 倍，且不应小于 0.6MPa。检验方法为试验时间为 2~3min，压力不下降，且不渗不漏为合格。

　　（6）散热器加固拉条安装，组对灰铸铁散热器 15 片以上，

41

钢制散热器 20 片以上，应装散热器横向加固拉条；拉条为直径 8mm 的 HPB300 级圆钢筋，两端套丝；加垫板（俗称骑马）用普通螺母紧固，拧紧拉条的丝杆外露不应超过一个螺母的厚度。拉条和两端的垫板及螺母应隐藏在散热器翼板内。

22. 怎样读识膨胀水箱施工图？

答：(1) 机械循环热水供暖系统的膨胀水箱，安装在循环泵入口前的回水管（定压点处）上部，膨胀水箱底标高应高出供暖系统 1m 以上。

(2) 重力循环上供下回热水供暖的膨胀水箱安装在供水总立管顶端，膨胀水箱箱底标高应高出供暖系统 1m 以上，应注意供水横向干管和回水管的坡向及坡度应符合设计图纸上注明的要求。

(3) 膨胀水箱的膨胀管及循环管不得安装阀门，并应符合以下要求：①膨胀管与系统总回水管干管连接，其接点位置与定压点的距离为 1.5~3m（如果膨胀水箱安装在取暖房间内可取消此管）；②膨胀管的安装要符合规范和设计的要求。

(4) 溢水管同样不能加阀门，且不可与压力回水管及下水管连接，应无阻力自动流入水池或水沟。

(5) 水箱清洗、放空排气管应加截止阀，可与溢流管连接，也可直排。

(6) 检查管道连同浮标液面器的电器、仪表、控制点，应引至管理人员易监控和操作的部位（如主控室、值班室）。

(7) 膨胀水箱的箱体及附件（浮标液面计、内外爬梯、人孔、支座等）的制造尺寸、数量、材质及合格标准等，应符合设备制造规范、标准及设计要求。

23. 怎样读识集气罐安装图？

答：(1) 集气罐安装位置多为供水系统最高点和主要干管的末端。

（2）集气罐的排气管应加截断阀，在系统上水时反复开关此阀，运行时定期开阀放气。

（3）集气罐安装的支架应参照管道支架安装要求进行施工和检验。

24. 怎样读识分、集水器安装图?

答：（1）每一集配装置的分支路不宜多于 8 个；住宅每户至少应设置一套集配装置。

（2）集配装置的分、集水管管径应大于总供、回水管管径。

（3）集配装置应高于底板加热管，并配置排气阀。

（4）总供、回水管进出口的每一供、回水支路均应配置截止阀或球阀或温控阀。

（5）总供、回水管的内侧，应设置过滤器。

（6）建筑设计应为明装或暗装的集配装置的合理设置和安装提供适当条件。

（7）当集中供暖的热水温度高于地暖供水温度上限（55℃）时，集配器前应安装混水装置。

（8）当分、集水器配有混水装置和地暖各环路设置温度控制器时，集配器安装部位应预埋接线盒、电源插座等及其预埋配套的电源线和信号线的套管。

（9）分、集水器有明装和暗装，要求分、集水器的支架安装位置正确，固定平直牢固。

（10）当分、集水器水平安装时，分、集水器下端距地面应≥300mm。

（11）当分、集水器垂直安装时，分、集水器下端距地面应≥150mm。

（12）分、集水器安装与系统供、回水管连接固定后，如系统尚未冲洗，应再将集水器与总供、回水管之间临时断开，防止外系统杂物进入地暖系统。

第四节　工程施工工艺和方法

1. 室内给水管道安装工程施工工艺流程包括哪些内容？

答：室内给水系统安装包括给水管道及配件安装、室内消火栓系统安装、自动喷水灭火系统安装、气体灭火系统安装、给水设备安装等几部分。

（1）施工准备

1）材料要求

① 铸铁给水管及管件的规格应符合设计压力要求，管壁薄厚均匀，内外光滑整洁，不得有砂眼、裂纹、毛刺和疙瘩；承插口的内外径及管件应造型规矩，管内外表面的防腐涂层应整洁均匀，附着牢固。管材及管件均应有出厂合格证。

② 镀锌碳素钢管及管件的规格种类应符合设计要求，管壁内外镀锌均匀，无锈蚀、无飞刺。管件无偏扣、乱扣、丝扣不全或角度不准等现象。管材及管件均应有出厂合格证。

③ 水表的规格应符合设计要求及自来水公司确认，热水系统选用符合温度要求的热水表。表壳铸造规矩，无砂眼、裂纹，水表玻璃盖无损坏，铅封完整，有出厂合格证。

④ 阀门的规格型号应符合设计要求，热水系统阀门符合温度要求。阀体铸造规矩，表面光洁，无裂纹，开关灵活，关闭严密，填料密封完好无渗漏，手轮完整无损坏，有出厂合格证。

2）主要机具

① 机械：套丝机、砂轮锯、台钻、电锤、手电钻、电焊机、电动试压泵等。

② 工具：套丝板、管钳、压力钳、手锯、手锤、活扳手、链钳、揻弯器、手压泵、捻凿、大锤、断管器等。

③ 其他：水平尺、线坠、钢卷尺、小线、压力表等。

3）作业条件

① 地下管道铺设必须在房心土回填夯实或挖到管底标高，

沿管线铺设位置清理干净，管道穿墙处已留管洞或安装套管，其洞口尺寸和套管规格符合要求，坐标、标高正确。

② 暗装管道应在地沟未盖沟盖或吊顶未封闭前进行安装，其型钢支架均应安装完毕并符合要求。

③ 明装托、吊干管安装必须在安装层的结构顶板完成后进行。沿管线安装位置的模板及杂物清理干净，托吊卡件均已安装牢固，位置正确。

④ 立管安装应在主体结构完成后进行。高层建筑在主体结构达到安装条件后，适当插入进行。每层均应有明确的标高线，暗装竖井管道，应把竖井内的模板及杂物清除干净，并有防坠落措施。

⑤ 支管安装应在墙体砌筑完毕，墙面未装修前进行（包括暗装支管）。

（2）操作工艺

1）工艺流程

安装准备→预制加工→干管安装→立管安装→支管安装→管道试压→管道防腐和保温→管道冲洗。

2）安装准备

认真熟悉图纸，根据施工方案决定的施工方法和技术交底的具体措施做好准备工作。参看有关专业设备图和装修建筑图，核对各种管道的坐标、标高是否有交叉，管道排列所用空间是否合理。有问题及时与设计人员和有关人员研究解决，办好变更洽商记录。

3）预制加工

按设计图纸画出管道分路、管径、变径、预留管口、阀门位置等施工草图，在实际安装的结构位置做上标记，按标记分段量出实际安装的准确尺寸，记录在施工草图上，然后按草图测得的尺寸预制加工（断管、套丝、上零件、调直、校对），按管段分组编号（工艺详见《SGBZ-0501 暖卫管道安装施工工艺标准》）。

4）干管安装

以给水铸铁管道安装为例，包括如下步骤：

① 在干管安装前清扫管腔，将承口内侧插口外侧端头的沥青除掉，承口朝来水方向顺序排列，联接的对口间隙应不小于3mm，找平找直后，将管道固定。管道拐弯和始端处应支撑顶牢，防止捻口时轴向移动，所有管口随时封堵好。

② 捻麻时先清除承口内的污物，将油麻绳拧成麻花状，用麻钎捻入承口内，一般捻两圈以上，约为承口深度的三分之一，使承口周围间隙保持均匀，将油麻捻实后进行捻灰，水泥用42.5级以上加水拌匀（水灰比为1：9），用捻凿将灰填入承口，随填随捣，填满后用手锤打实，直至将承口打满，灰口表面有光泽。承口捻完后应进行养护，用湿土覆盖或用麻绳等物缠住接口，定时浇水养护，一般养护2～5d。冬季应采取防冻措施。

③ 采用青铅接口的给水铸铁管在承口油麻打实后，用定型卡箍或包有胶泥的麻绳紧贴承口，缝隙用胶泥抹严，用化铅锅加热铅锭至500℃左右（液面呈紫红颜色），水平管灌铅口位于上方，将熔铅缓慢灌入承口内，使空气排出。对于大管径管道灌铅速度可适当加快，防止熔铅中途凝固。每个铅口应一次灌满，凝固后立即拆除卡箍或泥模，用捻凿将铅口打实（铅接口也可采用捻铅条的方式）。

④ 给水铸铁管与镀锌钢管连接时应按图1-2所示的几种方式安装。

2. 室内排水管道安装工程施工工艺流程包括哪些内容？

答：（1）施工准备

1）材料要求

① 铸铁排水管及管件规格品种应符合设计要求。灰口铸铁的管壁薄厚均匀，内外光滑整洁，无浮砂、包砂、粘砂，更不允许有砂眼、裂纹、飞刺和疙瘩。承插口的内外径及管件造型规

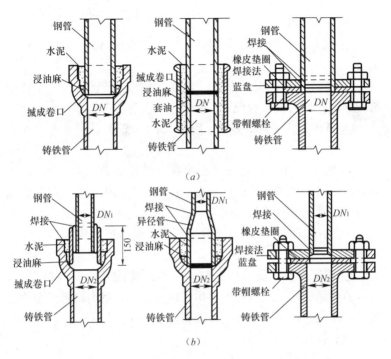

图 1-2 给水铸铁管与镀锌钢管连接

(a) 同管径铸铁管与钢管的接头；(b) 异管径铸铁管与钢管的接头

矩，法兰接口平正光洁严密，地漏和返水弯的扣距必须一致，不得有偏扣、乱扣、方扣、丝扣不全等现象。

② 镀锌碳素钢管及管件管壁内外镀锌均匀，无锈蚀，内壁无飞刺，管件不得有偏扣、乱扣、方扣、丝扣不全、角度不准等现象。

③ 青麻、油麻要整齐，不允许有腐朽现象。沥青漆、防锈漆、调和漆和银粉必须有出厂合格证。

④ 水泥一般采用 42.5 级水泥，必须有出厂合格证或复试证明。

⑤ 其他材料：汽油、机油、胶皮布、电气焊条、型钢、螺栓、螺母、铅丝等。

2）主要机具

① 机具：套丝机、电焊机、台钻、冲击钻、电锤、砂轮机等。

② 工具：套丝板、手锤、大锤、手锯、断管器、錾子、捻凿、麻钎、压力案、台虎钳、管钳、小车等。

③ 其他：水平尺、线坠、钢卷尺、小线等。

3）作业条件

① 地下排水管道的铺设必须在基础墙达到或接近±0.000标高，房心土回填到管底或稍高的高度，房心内沿管线位置无堆积物，且管道穿过建筑基础处，已按设计要求预留好管洞。

② 设备层内排水管道的敷设，应在设备层内模板拆除清理后进行。

③ 楼层内排水管道的安装，应与结构施工隔开一～二层，且管道穿越结构部位的孔洞等均已预留完毕，室内模板或杂物清除后，室内弹出房间尺寸线及准确的水平线。

（2）操作工艺

1）工艺流程

2）安装准备

根据设计图纸及技术交底，检查、核对预留孔洞大小尺寸是否正确，将管道坐标、标高位置画线定位。

3）管道预制

① 为了减少在安装中捻固定灰口，对部分管材与管件可预先按测绘的草图捻好灰口，并编号，码放在平坦的场地，管段下面用木方垫平垫实。

② 捻好灰口的预制管段，对灰口要进行养护，一般可采用湿麻绳缠绕灰口，浇水养护，保持湿润。冬季要采取防冻措施，一般常温 24～48h 后方能移动，运到现场安装。

4）污水干管安装

① 管道铺设安装

a. 在挖好的管沟或房心土回填到管底标高处铺设管道时，

应将预制好的管段按照承口朝向来水方向，由出水口处向室内顺序排列。挖好捻灰口用的工作坑，将预制好的管段徐徐放入管沟内，封闭堵严总出水口，做好临时支撑，按施工图纸的坐标、标高找好位置和坡度，以及各预留管口的方向和中心线，将管段承插口相连。

b. 在管沟内捻灰口前，先将管道调直、找正，用麻钎或薄捻凿将承插口缝隙找均匀，把麻打实、校直、校正，管道两侧用土培好，以防捻灰口时管道移位。

c. 将水灰比为 1：9 的水泥捻口灰拌好后，装在灰盘内放在承插口下部，人跨在管道上，一手填灰，一手用捻凿捣实，先填下部，由下而上，边填边捣实，填满后用手锤打实，再填再打，将灰口打满打平为止。

d. 捻好的灰口，用湿麻绳缠好养护或回填湿润细土掩盖养护。

e. 管道铺设捻好灰口后，再将立管及首层卫生洁具的排水预留管口，按室内地平线、坐标位置及轴线找好尺寸，接至规定高度，将预留管口装上临时丝堵。

f. 按照施工图对铺设好的管道坐标、标高及预留管口尺寸进行自检，确认准确无误后即可从预留管口处灌水做闭水试验，水满后观察水位不下降，各接口及管道无渗漏，经有关人员进行检查，并填写隐蔽工程验收记录，办理隐蔽工程验收手续。

g. 管道系统经隐蔽验收合格后，临时封堵各预留管口，配合土建填堵孔、洞，按规定回填土。

② 托、吊管道安装

a. 安装在管道设备层内的铸铁排水干管可根据设计要求做托、吊或砌砖墩架设。

b. 安装托、吊干管要先搭设架子，将托架按设计坡度栽好或栽好吊卡，量准管棍尺寸，将预制好的管道托、吊牢固，并将立管预留口位置及首层卫生洁具的排水预留管口，按室内地平线、坐标位置及轴线找好尺寸，接至规定高度，将预留管口装上临时丝堵。

c. 托、吊排水干管在吊顶内者，需做闭水试验，按隐蔽工程项目办理隐检手续。

5）污水立管安装

① 根据施工图校对预留管洞尺寸有无差错，如系预制混凝土楼板则需剔凿楼板洞，应按位置画好标记，对准标记剔凿。如需断筋，必须征得土建施工队有关人员同意，按规定要求处理。

② 立管检查口设置按设计要求。如排水支管设在吊顶内，应在每层立管上均装立管检查口，以便作灌水试验。

③ 安装立管应二人上下配合，一人在上一层楼板上，由管洞内投下一个绳头，下面一人将预制好的立管上半部拴牢，上拉下托将立管下部插口插入下层管承口内。

④ 立管插入承口后，下层的人把甩口及立管检查口方向找正，上层的人用木楔将管在楼板洞处临时卡牢，打麻、吊直、捻灰。复查立管垂直度，将立管临时固定牢固。

⑤ 立管安装完毕后，配合土建用不低于楼板强度等级的混凝土将洞灌满堵实，并拆除临时支架。如系高层建筑或管道井内，应按照设计要求用型钢做固定支架。

⑥ 高层建筑考虑管道胀缩补偿，可采用法兰柔性管件，但在承插口处要留出胀缩补偿余量。

6）污水支管安装

① 支管安装应先搭好架子，并将托架按坡度栽好，或栽好吊卡，量准吊棍尺寸，将预制好的管道托到架子上，再将支管插入立管预留口的承口内，将支管预留口尺寸找准，并固定好支管，然后打麻、捻灰口。

② 支管设在吊顶内，末端有清扫口者，应将管接至上层地面上，便于清掏。

③ 支管安装完后，可将卫生洁具或设备的预留管安装到位，找准尺寸并配合土建将楼板孔洞堵严，预留管口装上临时丝堵。

7）雨水管道安装

① 内排水雨水管安装，管材必须考虑承压能力，按设计要求选择。

② 高层建筑内排雨水管可采用稀土铸铁排水管，管材承压可达到 0.8MPa 以上。管材长度可根据楼层高度，每层只需一根管，捻一个水泥灰口。

③ 选用铸铁排水管安装，其安装方法同上述室内排水管道安装。

④ 雨水漏斗的连接管应固定在屋面承重结构上。雨水漏斗边缘与屋面相接处应严密不漏。

⑤ 雨水管道安装后，应做灌水试验，高度必须到每根立管最上部的雨水漏斗。

（3）质量标准

1）一般规定

① 本章适用于室内排水管道、雨水管道安装工程的质量检验与验收。

② 生活污水管道应使用塑料管、铸铁管或混凝土管（由成组洗脸盆或饮用喷水器到共用水封之间的排水管和连接卫生器具的排水短管，可使用钢管）。

雨水管道宜使用塑料管、铸铁管、镀锌和非镀锌钢管或混凝土管等。

悬吊式雨水管道应选用钢管、铸铁管或塑料管。易受振动的雨水管道（如锻造车间等）应使用钢管。

2）排水管道及配件安装

主控项目包括：

① 隐蔽或埋地的排水管道在隐蔽前必须做灌水试验，其灌水高度应不低于底层卫生器具的上边缘或底层地面高度。

检验方法：满水 15min 水面下降后，再灌满观察 5min，液面不降，管道及接口无渗漏为合格。

② 生活污水铸铁管道的坡度必须符合设计或相关规范的规定。

3. 卫生器具安装工程施工工艺流程包括哪些内容?

答:(1) 一般规定

卫生洁具的连接管、撤弯应均匀一致,不得有凹凸等缺陷,卫生洁具的安装宜采用预埋螺栓或膨胀螺栓,如用木螺栓固定,预埋的木砖须做防腐处理,并应凹进净墙面 10mm,卫生器具支、托架的安装须平整、牢固,与器具接触应紧密,安装完毕应采取保护措施。位置应正确,允许偏差单独器具 10mm,成排器具 5mm,安装应平整,垂直度的允许偏差不得超过 3mm,安装电加热器应有良好的接地保护装置,试验时应注满水再启动。

(2) 洗脸盆安装

1) 首先安装脸盆下水:先将下水口根母、眼圈、胶垫卸下,将上垫好油灰后插入脸盆排水口孔内,下水口内的溢水口要对准排水口中的溢水口眼,外面加垫好油灰的垫圈,套上眼圈,带上跟母,再用自制扳手卡住排水口十字筋,用平口扳手上根母至松紧适度。

2) 然后安装脸盆水嘴:先将水嘴根母、锁母卸下,在水嘴根部垫好油灰,插入脸盆给水孔眼,下面再套入胶垫眼圈,带上根母后左手按住水嘴,右手用自制的八字扳手将锁母紧至松紧适度。

3) 接着进行脸盆安装:先进行支架安装,按照排水管口中心在墙上画出竖线,由地面向上量出规定的高度,画出水平线,根据盆宽在水平线画出支架的位置,然后将脸盆支架栽牢在墙面上,再把脸盆置于支架上找平找正,将架钩钩在盆下固定孔内,拧紧盆架的固定螺栓,找平正。

4) 然后安装洗脸盆的排水管:在脸盆排水丝口下端涂铅油,缠少许麻丝,将存水弯上接拧在排水口上(P 型直接把存水弯立节拧在排水口上),松紧适度,再将存水弯下节的下端缠油。

4. 室内消防管道及设备安装工程施工工艺流程包括哪些内容?

答:(1)施工准备

1)材料要求

① 消火栓系统管材应根据设计要求选用,一般采用碳素钢管,管材不得有弯曲、锈蚀、重皮及凹凸不平等现象。

② 消防系统的水泵结合器等主要组件的规格型号应符合设计要求,配件齐全,铸造规矩,表面光洁,无裂纹,启闭灵活,有产品出厂合格证。

③ 消火栓箱体的规格类型应符合设计要求,箱体表面平整、光洁。金属箱体无锈蚀,无划伤,箱门开启灵活。箱体方正,箱内配件齐全。栓阀外形规矩,无裂纹,启闭灵活,关闭严密,密封填料完好,有产品出厂合格证。

2)主要机具

① 套丝机,砂轮锯,台钻,电锤,手砂轮,电焊机,电动试压泵等机械。

② 套丝板,管钳、台钳、压力钳、链钳、手锤,钢锯,扳手,电气焊等工具。

3)作业条件

① 主体结构已验收,现场已清理干净。

② 管道安装所需要的基准线应测定并标明,如吊顶标高、地面标高、内隔墙位置线等。

③ 设备基础经检验符合设计要求,达到安装条件。

④ 安装管道所需要的操作架已由专业人员搭设完毕。

⑤ 检查管道支架、预留孔洞的位置、尺寸均正确。

(2)操作工艺

1)工艺流程

安装准备→干管安装→立管安装→消火栓及支管安装→管道冲洗→系统综合试压→消火栓配件安装→系统通水试射。

2）安装准备

① 认真熟悉图纸，根据施工方案、技术、安全交底的具体措施选用材料，测量尺寸，绘制草图，预制加工。

② 核对有关专业图纸，查看各种管道的坐标、标高是否有交叉或排列位置不当，及时与设计人员研究解决，办理变更手续。

③ 检查预埋件和预留洞是否准确。

④ 检查管材、管件、阀门、设备及组件等是否符合设计要求和质量标准。

⑤ 要安排合理的施工顺序，避免工种交叉作业干扰，影响施工。

3）干管安装

消火栓系统干管安装应根据设计要求使用管材，按压力要求选用碳素钢管。

① 管道在焊接前应清除接口处的浮锈、污垢及油脂。

② 不同管径的管道焊接，连接时如两管径相差不超过小管径的 15%，可将大管缩口与小管对焊。如果两管相差超过小管径 15%，应用异径短管焊接。

③ 管道对口焊缝上不得开口焊接支管，焊口不得在支吊架位置上。

④ 管道穿墙处不得有接口，管道穿过伸缩缝处应有防冻措施。

⑤ 碳素钢管开口焊接时要错开焊缝，并使焊缝朝向易观察和维修的方向上。

⑥ 管道焊接时先点焊三点以上，然后检查预留口位置、方向、变径等无误后，找直、找正，再焊接，紧固卡件，拆掉临时固定件。

4）消防立管安装

① 立管底部的支吊架要牢固，防止立管下坠。

② 立管明装时每层楼板要预留孔洞，立管可随结构穿入，

以减少立管接口。

5）消火栓及支管安装

① 消火栓箱体要符合设计要求，产品均应有消防部门的制造许可证及合格证方可使用。

② 消火栓支管要以栓阀的坐标、标高定位甩口，核定后再稳固消火栓箱，箱体找正稳固后再把栓阀安装好，栓阀侧装在箱内时应在箱门开启的一侧，箱门开启应灵活。

③ 消火栓箱体安装在轻质隔墙上时，应有加固措施。

6）水泵结合器安装

规格应根据设计选定，其安装位置应有明显标志，阀门位置应便于操作，结合器附近不得有障碍物。安全阀应按系统工作压力定压，防止消防车加压过高破坏室内管网及部件，结合器应装有泄水阀。

7）消防管道试压

上水时最高点要有排气装置，高低点各装一块压力表，上满水后检查管路有无渗漏，如有法兰、阀门等部位渗漏，应在加压前紧固，升压后再出现渗漏时做好标记，卸压后处理。必要时泄水处理。试压合格后及时办理验收手续。

8）管道冲洗

消防管道在试压完毕后可连续做冲洗工作。冲洗水质合格后重新装好，冲洗出的水要有排放去向，不得损坏其他成品。

9）消火栓配件安装

应在交工前进行。消防水龙带应折好放在挂架上或卷实、盘紧放在箱内，消防水枪要竖放在箱体内侧。

（3）质量标准

1）箱式消火栓的安装应栓口朝外，阀门距地面、箱壁的尺寸符合施工规范规定。水龙带与消火栓和快速接头的绑扎紧密，并卷折，挂在托盘或支架上。

2）检验方法：观察和尺量检查。

3）消火栓阀门中心距地面为 1.1m，允许偏差 20mm，阀门距箱侧面为 140mm，距箱后内表面为 100mm，允许偏差 5mm。

（4）成品保护

1）消防系统施工完毕后，各部位的设备组件要有保护措施，防止碰动跑水，损坏装修成品。

2）消火栓箱内附件、各部位的仪表等均应加强管理，防止丢失和损坏。

3）消防管道安装与土建及其他管道发生矛盾时，不得私自拆改，要经过设计，办理变更洽商，妥善解决。

（5）应注意的质量问题

1）消火栓箱门关闭不严。由于安装未找正或箱门强度不够变形造成。

2）消火栓阀门关闭不严。由于管道未冲洗干净，阀内有杂物造成。

5. 埋地敷设焊接钢管管道和设备的防腐施工的程序是什么？

答：埋地敷设焊接钢管和设备防腐的目的是减少管道的腐蚀及杂散电流对管道的电化作用，以延长管道使用寿命。

防腐绝缘层的做法多采用传统的沥青玛琦脂和玻璃布组成的绝缘层，它具有与钢管及设备粘结强度高、绝缘性能好、价格低廉等优点，但在熬制沥青玛琦脂时，会对熬制人员身体和周边环境产生不良影响，现在大多是在专业工厂进行集中加工处理后，运至现场直接使用。

沥青绝缘层主要由沥青玛琦脂和玻璃布组成，根据设计要求的绝缘等级可分为普通级、加强级和特加强级。它们的施工程序分别如下：

（1）普通级

1）防腐层施工程序

沥青底漆→沥青玛琦脂→沥青玛琦脂→包牛皮纸保护层。

2）防腐绝缘层

总厚度为 3mm，允许偏差－0.3mm。

（2）加强级

1）防腐层施工程序

沥青底漆→沥青玛琋脂→粗纹玻璃布→沥青玛琋脂→沥青玛琋脂→包牛皮纸保护层。

2）防腐绝缘层

总厚度为 6mm，允许偏差－0.5mm。

（3）特加强级

1）防腐层施工程序

沥青底漆→沥青玛琋脂→粗纹玻璃布→沥青玛琋脂→粗纹玻璃布→沥青玛琋脂→沥青玛琋脂→包牛皮纸保护层。

2）防腐绝缘层

总厚度为 9mm，允许偏差－0.5mm。

其中冷底子油（沥青底漆）的配比可按石油沥青：无铅汽油＝1：2.25（重量比）配制。

6. 供暖管道保温层在施工时应注意的事项有哪些？

答：供暖管道保温工程施工时应注意以下几个方面：

（1）管道的保温工程应以设计的种类和要求作为施工的依据。

（2）主要保温材料应有出厂合格证明或质量分析检验报告。

（3）保温工程的施工程序为：管道的防腐→敷设绝热层→敷设防潮层→敷设保护层。

各层均应按设计规定的形式、材质等要求分别选用适当的施工方法。

（4）当采用珍珠岩瓦块保温时，以保证瓦块干燥、不缺损，包瓦块前宜在管子上涂抹一薄层胶泥，两半圆瓦块宜错开约 1/2 瓦块长度，避免通缝。

（5）保温层紧密地贴在管道上，保温前应按管径规格分别码放，不允许露出管道或出现保温层松动等现象。

（6）采用铝箔岩棉管或采用铝箔超细玻璃棉管壳保温时，其接缝应采用铝箔胶纸粘贴，超细玻璃棉密度不低于 38kg/m³。

（7）采用涂膜保温材料时，为了增强保温胶泥与管道的附着力，应分层涂抹；第一层涂层不宜过厚（5mm 以内），待干燥后再涂抹第二层（15mm 以内），依次直至要求的保温层厚度为止，用专用弧形抹子压光。

（8）玻璃布在缠绕时，压边不得小于 20mm，要求搭接整齐、紧密，不出破边，外观光滑美观，避免管粗细不均。包扎保温层时，镀锌铁丝接头应压平，不得扎破保温层。

（9）非水平管道保温层的施工应自下而上进行，并设支撑板以防保温层下滑。水平管道的硬质保温层，应每隔 20m 留一道伸缩缝，其宽度为 20～30mm。

7. 通风与空调工程风管系统施工工艺流程包括哪些内容?

答：风管系统的施工内容主要包括风管的制作、风管配件和风管部件的制作、风管系统的安装及风管系统的严密性试验等。

（1）风管系统制作的技术要点

1）风管系统的组成

风管系统主要由风管、风管配件（弯管、四通、三通和法兰等）、风管部件（风口、阀门、消声器、风帽和检查孔等）、支吊架及连接件等组成。

2）风管系统的压力等级

风管系统的工作压力是制作风管时首先要考虑的问题，风管的材料厚度、咬口形式、法兰孔距、制作方式等都会因系统压力的不同而改变。

3）制作风管的材料要求

风管由镀锌薄钢板制作，镀锌薄钢板和角钢等应具有出厂合格证明或质量鉴定文件，金属板材应符合下列规定：非金属风管材料的燃烧性应符合现行国家标准《建筑材料及制品燃烧性能分级》GB 8624 规定的不燃 A 级或难燃 B1 的规定。

4）风管制作工艺的优先选用原则

风管制作应坚持优先选用节能、高效、机械化加工制作工艺的原则。

5）金属风管的拼接要求

不锈钢板厚度小于或等于 1mm 时，板材拼接可采用咬接；板厚大于 1mm 时宜采用氩弧焊或电弧焊，不得采用气焊。铝板风管板材厚度小于或等于 1.5mm 时，板材拼接可采用咬接，但不得采用按扣式咬口；板厚大于 1.5mm 时，宜采用氩弧焊或气焊。

6）风管法兰的加工要点

①矩形风管法兰由四根角钢组焊而成，角钢材料规格及连接应符合规范的要求。②划线下料时应注意使焊成后的法兰内径不小于风管外径，管法兰的焊缝应熔合良好、饱满，无假焊和孔洞；法兰平面度的允许偏差为 2mm。③矩形风管法兰的四角部位应设有螺孔。相同规格的法兰的螺孔排列应一致，具有互换性。

7）风管的加固

风管根据其断面尺寸、长度、板材厚度以及管内工作压力等级，应采取相应的加固措施。中压和高压系统风管，其管段长度大于 1250mm 时，应采用加固框补强。高压系统风管的单咬口缝还应有防止咬口缝胀裂的加固或补强措施。

（2）风管系统的安装技术要点

1）确定标高，按照实际图纸并参照土建准确定风管的标高位置并放线。

2）支、托、吊架制作与安装，标高确定以后，按照风管系统所在空间位置，确定风管支、托吊架形式。

（3）风管系统严密性试验要点

1）低压风管系统的严密性试验，在加工工艺得到保证的前提下，采用漏光法检测；

2）中压风管系统的严密性试验，应在漏光法检测合格后，做漏风量测试的抽检；

3）高压风管系统应全部进行漏风量测试。

（4）防排烟系统的施工技术要点

1）防火排烟系统是涉及人身和财产安全的重要系统，一旦发生火灾事故，防火排烟系统能够及时启动并保持规定的时间，对减轻事故的灾害起到非常大的作用。

2）风管穿过需要封闭的防火墙体或楼板时，应设预埋管或防护套管，其钢板厚度不小于 1.6mm。风管与防护套管之间采用柔性不燃材料封堵。

8. 净化空调系统施工工艺流程包括哪些内容?

答：（1）净化通风管道制作与安装施工工序

1）制作：施工准备（包括机械、器具检查；班组施工技术、安全交底；熟悉施工图纸等）→板材检查、验收→材料清洗、清除油污→放样、下料→制作咬口（折方），清洗咬口油污→制作风管半成品→清除表面油污杂物→铆接成型再清洗风管内外表面→检查验收→封闭管口→入库存放待装。

2）安装：施工准备→吊装制作（包括下料、调直、成形、除锈刷油等）→现场吊点布置→半成品运至现场组装间→风管组装（包括清洗合格的阀部件）→封闭端口测量配管（再按制作工序制作配管）→运至现场组装成封闭系统。

（2）净化空调设备安装施工工序

施工准备（包括熟悉图纸、班组技术交底、机具材料准备等）→基础验收、复测、修正、处理→设备开箱、清点、检查、验收→清洗设备→设备吊装、就位、找平、找正→设备配管的制作、安装（按净化风管的制作、安装工序进行）→设备试运转→设备带负荷运行调试→竣工验收。

9. 电气设备安装施工工艺流程包括哪些内容?

答：电气设备安装工艺流程如下：

根据工艺开洞→设备线槽铺设→铺设线缆→接线联机→单机调试→调节行程限位→机械控制系统联机调试→机械联机调试→控制系统自检→整体运行→验收。

10. 照明器具与控制装置安装施工工艺流程包括哪些内容？

答：照明器具与控制装置安装施工工艺流程包括如下内容：

施工准备（材料准备、机械准备、人员组织分工）→预制加工（冷揻弯、切割、套丝)→固定箱盒（测定位置、固定箱盒、稳固灯箱盒)→管路连接（管箍丝扣连接、钢管套管焊接、加工喇叭口)→现场敷设（现浇混凝土墙套管、现浇混凝土楼板套管、加工喇叭口)→现场敷设（接地跨接线焊接连接、清渣堵管口）。

11. 室内配电线路敷设施工工艺流程包括哪些内容？

答：室内配电线路敷设施工工艺流程包括如下内容：

定位画线（根据施工图纸，确定电器安装位置、导线敷设途径及导线穿过墙壁和楼板的位置)→预留预埋（在土建抹灰前，将配线所有固定点打好洞，埋好支持构件)→装设绝缘支持物、线夹、支架或保护管→敷设导线→安装灯具和电器设备→测试导线绝缘，连接导线→校验、自检、试通电。

12. 电缆敷设施工工艺流程、施工工艺各包括哪些内容？

答：电缆敷设施工工艺流程、施工工艺包括如下内容：

（1）工艺流程

1）直埋电缆施工工艺流程：

施工准备→电缆敷设→覆砂盖砖→回填土→埋标桩。

2）电缆沿支架、桥架敷设施工工艺流程：

施工准备→电缆敷设设计→电缆敷设电缆固定和就位→质量验收。

（2）施工工艺

1）准备工作

① 施工前应对电缆进行详细检查；规格、型号、截面、电压等级均符合设计要求，外观无扭曲、坏损及漏油、渗油等现象。

② 电缆敷设前进行绝缘摇测或耐压试验。

a. 1kV 以下电缆，用 1kV 摇表摇测线间及对地的绝缘电阻应不低于 10MΩ。

b. 3～10kV 电缆应事先作耐压和泄漏试验，试验标准应符合国家和当地供电部门规定。必要时敷设前仍需用 2.5kV 摇表测量绝缘电阻是否合格。

c. 纸绝缘电缆，测试不合格者，应检查芯线是否受潮，如受潮，可锯掉一段再测试，直到合格为止。检查方法是：将芯线绝缘纸剥一块，用火点着，如发出叭叭声，即电缆已受潮。

d. 电缆测试完毕，油浸纸绝缘电缆应立即用焊料（铅锡合金）将电缆头封好。其他电缆应用聚氯乙烯带密封后再用黑胶布包好。

③ 放电缆机具的安装：采用机械放电缆时，应将机械选好适当位置安装，并将钢丝绳和滑轮安装好。人力放电缆时将滚轮提前安装好。

④ 临时联络指挥系统的设置：

a. 线路较短或室外的电缆敷设，可用无线电对讲机联系，手持扩音喇叭指挥。

b. 高层建筑内电缆敷设，可用无线电对讲机做为定向联系，简易电话作为全线联系，手持扩音喇叭指挥（或采用多功能扩大机，它是指挥放电缆的专用设备）。

⑤ 在桥架或支架上多根电缆敷设时，应根据现场实际情况，事先将电缆的排列，用表或图的方式划出来。以防电缆的交叉和混乱。

⑥ 冬季电缆敷设，温度达不到规范要求时，应将电缆提前

加温。

⑦ 电缆的搬运及支架架设：

a. 电缆短距离搬运，一般采用滚动电缆轴的方法，滚动时应按电缆轴上箭头指示方向滚动。如无箭头时，可按电缆缠绕方向滚动，切不可反缠绕方向滚动，以免电缆松弛。

b. 电缆支架的架设地点应选好，以敷设方便为准，一般应在电缆起止点附近为宜。架设时，应注意电缆轴的转动方向，电缆引出端应在电缆的上方。

2）直埋电缆敷设

① 清除沟内杂物，铺完底砂或细土。

② 电缆敷设：

a. 电缆敷设可用人力拉引或机械牵引。采用机械牵引可用电动绞磨或托撬（旱船法）。电缆敷设时，应注意电缆弯曲半径应符合规范要求。

b. 电缆在沟内敷设应有适量的蛇形弯，电缆的两端、中间接头、电缆井内、垂直位差处均应留有适当的余度。

③ 铺砂盖砖：

a. 电缆敷设完毕，应请建设单位、监理单位及施工单位的质量检查部门共同进行隐蔽工程验收。

b. 隐蔽工程验收合格，电缆上下分别铺盖 100mm 砂子或细土，然后用砖或电缆盖板将电缆盖好，覆盖宽度应超过电缆两侧 5cm。使用电缆盖板时，盖板应指向受电方向。

④ 回填土。回填土前，再作一次隐蔽工作检验，合格后，应及时回填土并进行夯实。

⑤ 埋标桩：电缆在拐弯、接头、交叉、进出建筑物等地段应设明显方位标桩。直线段应适当加设标桩。标桩露出地面以 15cm 为宜。

⑥ 电缆进入电缆沟、竖井、建筑物以及穿入管子时，出入口应封闭，管口应密封。

⑦ 有麻皮保护层的电缆，进入室内部分，应将麻皮剥掉，

并涂防腐漆。

3) 电缆沿支架、桥架敷设

① 水平敷设

a. 敷设方法可用人力或机械牵引。

b. 电缆沿桥架或托盘敷设时，应单层敷设，排列整齐，不得有交叉，拐弯处应以最大截面电缆允许弯曲半径为准。

c. 不同等级电压的电缆应分层敷设，高压电缆应敷设在上层。

d. 同等级电压的电缆沿支架敷设时，水平净距不得小于35cm。

② 垂直敷设。

a. 垂直敷设，有条件的最好自上而下敷设。土建未拆吊车前，将电缆吊至楼层顶部。敷设时，同截面电缆应先敷设低层，后敷设高层，要特别注意，在电缆轴附近和部分楼层应采取防滑措施。

b. 自下而上敷设时，低层小截面电缆可用滑轮大绳人力牵引敷设。高层、大截面电缆宜用机械牵引敷设。

c. 沿支架敷设时，支架距离不得大于1.5m，沿桥架或托盘敷设时，每层最少加装两道卡固支架。敷设时，应放一根立即卡固一根。

d. 电缆穿过楼板时，应装套管，敷设完后应将套管用防火材料封堵严密。

4) 挂标志牌

① 标志牌规格应一致，并有防腐性能，挂装应牢固。

② 标志牌上应注明电缆编号、规格、型号及电压等级。

③ 直埋电缆进出建筑物、电缆井及电缆终端头、电缆中间接头处应挂标志牌。

④ 沿支架桥架敷设电缆在其首端、末端、分支处应挂标志牌。

13. 火灾报警及联动控制系统施工工艺流程包括哪些内容？

答：火灾自动报警及联动控制系统施工工艺流程内容包括以下内容：

线管敷设→线路敷设→探测器底座的固定、接线、探测器安装→端子箱和报警控制设备的固定→安装接线、调试及联动功能试验→试运行→交工验收。

（1）管线的敷设

1）布管时应按照设计图和施工及验收规范的要求找准设备、设施的坐标和标高，对管道的走向放线定位，调整与其他设备的距离，并按规定对所有的预埋盒、箱及管口采取保护措施。

2）镀锌的钢导管，可挠性导管和金属线槽不得熔焊跨接接地线，以专用接地卡跨接的两卡间连线为铜芯软导线，截面积不小于 $4mm^2$；

3）当非镀锌钢导管采用螺纹连接时，连接处的两端焊跨接接地线；当镀锌钢导管采用螺纹连接时，连接处的两端用专用接地卡固定跨接接地线。

4）金属线槽不作设备的接地导体，当设计无要求时，金属线槽全长不少于 2 处与接地（PE）或接零（PEN）干线连接。

5）金属线管严禁对口熔焊连接，壁厚小于等于 2mm 的钢导管不得套管熔焊连接。

6）当线管在砌体上剔槽埋设时其保护厚度大于 15mm。

7）金属线管的内外壁均应防腐处理，埋设于混凝土的导管内壁应防腐处理，外壁可不防腐处理。

8）室内进入落地式柜、台、箱、盘内的管口应高出柜、台、箱、盘的基础面 50~80mm。

9）管子入盒时，盒外侧应套锁母，内侧应装护口，盒的内外侧均应套锁母。在吊顶内敷设各类管路和线槽时，采用单独的卡具吊装或支撑固定。

10）吊装线槽的吊杆直径不应小于 6mm，线槽的直线段每隔 1～1.5m 设置吊点或支点，其接头处距接线盒 0.2m 处，走向改变或转角处均应设支吊点。

11）管线施工后，隐蔽前要组织对照图纸验收检查，确保配合无误。配管后，工长、班长、质监员应对照设计施工图作一次全部检查并填写隐蔽验收资料，交现场有关人员核对签字。

12）不同系统、不同电压等级、不同类别的线路禁止穿在同一管内，在报警系统中，探测器回路信号线、控制器间的控制线、电源线应分别穿管敷设，联动系统中的联动信号线、通信线及工作电源线也应分管敷设。

13）在穿线前应对导线的种类、电压等级和绝缘情况进行检查，并应将管内或线槽内的积水及杂物清除干净。

14）导线在管内或线槽内不能有接头或扭曲，接头应在接线盒内焊接或用端子连接。

15）火灾自动报警系统导线敷设后，在确保回路正常通路的情况下，又未装任何设备，应对每回路的导线用 500V 的兆欧表测量绝缘电阻，其对地绝缘电阻值不应小于 20MΩ。

16）在管线敷设过程中，如因现场实际情况需要对原设计走向或对连接方式进行改动，必须事先征得设计方同意，改动后还应在管线平面图上详细记录和说明。

17）线槽内敷线应有一定的余量，不得有接头，电线按回路编号分段绑扎固定，垂直方向敷线固定点间距不应大于 2m。

18）从接线盒、线槽等处引到探测器底座盒、控制设备盒、扬声器箱、消火栓按钮等线路均应加金属软管保护。

19）火灾探测器的传输线路宜选择不同颜色的绝缘导线或电缆，正极线为红色，负极线为蓝色。同一工程中相同用途导线应一致，接线端子应有标号。

20）柜、箱的线端子宜选择压接或锡焊接点的端子板，其接线端子上应有相应的标号。

（2）设备安装

1）火灾探测器安装：

① 探测器安装一般取中至墙壁梁边的水平距离不应小于 0.5m 且不应有遮挡物，至送风口边的水平距离不应小于 1.5m，至多孔送风顶棚孔的水平距离不应小于 0.5m。探测器安装应牢固、端正，其确认灯应面向便于人员观察的主要入口方向。先安装探测器底座时其底座穿线孔宜封堵，安装完毕后为防止污染应采取保护措施。

② 在宽度小于 3m 的内走道棚顶上设置探测器时，宜居中布置，感温探测器的安装间距不应超过 10m，感烟探测器的安装间距不应超过 15m，探测器距离墙的距离不应大于探测器间距的一半。

③ 探测器的底座应固定牢靠，外露式底座必须固定在预埋好的接线盒上，嵌入式底座必须用安装条辅助固定，导线剥头长度应适当，导线剥头应焊接焊片，通过焊片接于探测器底座接线端子上，焊接时，不能使用带腐蚀性的助焊剂，如直接将导线头接于底座端子，导线剥头应拧紧且芯线不能散开。

④ 探测器底座的外接导线，应留有不小于 15m 的余量，以便维修；

⑤ 工程中如不吊顶时，应校核梁对探测器保护面积的影响，且须符合下列条件：

a. 当梁突出顶棚的高度小于 200mm 时，可不计梁对探测器保护面积的影响；

b. 当梁突出顶棚的高度为 200～600mm 时，应按施工验收规范附录处理。

2）手动报警按钮安装：一般安装在墙上距地面高度 1.5m 处，应安装牢固，并不得倾斜，对接导线留有不小于 10cm 的余量，且端部应有明显标志。

3）应急广播音箱、声光报警器、消防专用电话的安装应依据图纸设计要求决定其安装位置及距地高度，且安装端正、牢固、可靠。

4）楼层显示器、壁挂式报警控制器一般安装在实墙上，距地面高度 1.5m 处，牢固、端正。安装在轻质墙上应采取加固处理。

5）联动控制模块的安装：首先应确保便于检修，安全可靠，一般安装在设备旁或井道内，接线确保正确，控制灵敏，有防潮措施，在执行强电切换或控制的模块安装，要防止交流干扰及过热，要有对火花损坏的破坏保护措施。

6）系统接地装置的安装：工作接地线应采用铜芯绝缘导线或电缆，不得利用镀锌扁铁或金属软管。工作接地与保护接地必须分开，由消防值班室引至接地体的工作接地线应采用大于 $25mm^2$ 绝缘导线并穿管保护，由报警设备主机引至工作接地支线，应采用大于 $44mm^2$ 的绝缘导线。其接地电阻确保在选用共用接地装置时不大于 $1Ω$。当采用独立接地体时不大于 $4Ω$。

7）火灾报警控制器的安装：

① 引入控制器的导线配线应整齐，避免交叉并应用线扎或其他方式固定牢靠，电缆芯线和所配导线的端部，均应标明编号，火灾报警控制器联动驱动器内应将电源线、探测回路线、通信线分开套管并编号，所有编号都必须与图纸上的编号一致，字迹要清晰，有改动处应在图纸上作明确标注；电缆芯线和导线应留有不小于 20cm 的余量，焊片压接在接线端子上，每个端子的压接线不得超过两根；导线引入线穿线后，在进线管处应封堵。

② 控制器的主电源引入线，应直接与消防电源连接，严禁使用电源插头。主电源应有明显标志。

③ 控制器的接地应牢靠并有明显标志。

8）消防联动控制设备的安装：

① 消防控制中心设备在安装前应对各附件及功能进行检查，合格后才能安装。

② 报警控制主机柜安装一般另加基础槽钢螺栓紧固。设备定位应便于监视，设备后面的维修距离不宜小于 1m。

③ 联动设备的接线，必须在确认线路无故障，设备所提供的联动节点正确的前提下进行。

④ 消防控制中心内的不同电压等级、不同电源类别的端子，应分开并有明显标志。

⑤ 联动驱动器内应将电源线、通信线、联动信号线、回收线分别加套管并编号。所有编号必须与图纸上的编号一致，字迹要清晰，有改动处应在图纸上作明确标志。

⑥ 消防控制中心内外接导线的端部都应加套管并标明编号，此编号应和施工图的编号及联动设备导线的编号完全一致。

⑦ 消防控制中心接线端子上的接线必须用焊片压接，接线完毕后应用线绑扎，将每组线捆扎成束，使得线路美观并便于开通及维修；设备接线应整齐，避免交叉，固定牢靠，每个接线端子接线不得超过 2 根，导线绑扎成束并留有不小于 20cm 的余量。

（3）系统的调试

1）调试前的准备：

① 调试前应按设计要求查验设备的规格、型号、数量、备品备件等，并且有完整的竣工草图及编码图，由施工人员核准无误。工程安装资料齐全，签字完整。开通设备调试前，再次检查系统线路，对错线、开路、虚焊和短路等不正常情况进行处理。

② 在技术负责人的统一指挥下，设备生产厂家、各工种负责人、施工负责人、施工班组人员均到位。

③ 调试必备工具：对讲机、各种检测仪表、各种检修工具齐全。

2）调试：火灾自动报警系统调试，应先分别对探测器、区域报警控制器、集中报警控制器、报警装置和消防控制设备等逐个进行单机通电检查，正常后方可进行系统调试。

① 火灾自动报警系统通电后首先应对主机全部功能进行检查，在功能完好的前提下对报警系统设备的逻辑关系按设计要求与规范要求进行编程设置。

② 检查报警系统的主电源和备用电源容量与互投分别符合国家标准要求，在备用电源连续充放电 3 次后，主、备电能自动

转换。

③ 应采用专用的检查仪器对探测器、手报、消火栓按钮等进行逐个试验，其动作应准确无误。

④ 应分别用主电源和备用电源供电检查火灾自动报警的各项控制功能和联动功能；

⑤ 火灾自动报警系统应在连续进行120h无故障后按要求填写调试报告，为专业检测和工程验收做好准备。

（4）火灾自动报警及消防联动控制系统重点难点分析及应对措施

1）施工中管线敷设有断头、少线、接地、短路时应采取以下措施防治：施工前认真进行图纸会审和技术交底。明确报警布点位置等。

2）敷设方向。

① 现场实地勘察。将现场实际性与施工图纸进行比较细化，拿出详细的可行性方案和施工方案，包括管线的型号、数量及预留等情况。

② 施工中严格按上述施工方案和国家电气布线施工标准规范进行施工。

③ 管线敷设完后，认真细心地检查导线的型号、数量是否与方案和图纸相符，导线的绝缘阻值是否达到要求。

④ 实施完上述工序并达到合格标准后，再进行其他工序的施工。

3）前端设备的安装松动、无法联动、不正确时应采取以下预防措施：

① 安装前熟悉各个设备（探测器、模块、手报）的接线方式和安装方法。

② 针对施工图纸牢固正确的安装设备。

③ 与其他消防设备联接的联动模块或信号模块，在安装前要特别注意该消防设备与消防联接的接线方式及控制原理。

④ 设备安装遵照《火灾自动报警设计及施工验收规范》

执行。

4）报警控制器的安装和调试为避免出现调不通、联动失效、运行不正常，应该按以下步骤进行：

① 认真阅读报警控制器的使用说明书，检查控制器的工作情况。

② 在控制器正确安装后正常工作的情况下，关闭控制器后，接入前端各报警回路，再开机运行并检查系统运行情况。

③ 进行系统编程，按逻辑程序对探测区域和报警区域进行编程，联动相应的模块，控制相应的消防设备。

④ 如果出现相应的联动设备不动作，此时应检查模块工作是否正常，如果模块工作正常，此时应要求联动设备的施工方配合，共同协调解决。

⑤如果出现探头报警故障或总是报警，或试验不报警，应检查探头是否损坏。

⑥ 当检查调试完成上述合格后，方可进入试运行，最后进行验收。

14. 消火栓系统安装工程施工工艺流程包括哪些内容？

答：（1）消火栓系统安装工程施工工艺流程

安装准备→预留、预埋→主管安装→消火栓箱预安装→支管预制→安装消火栓箱壳→安装消火栓箱内配件→系统通水试验。

（2）工艺施工过程

1）主管安装：安装时一般从总进入口开始，总进水端做好临时丝堵，埋地部分做加强防腐（在预制后，安装前做好），把预制完的管道运到安装部位依次排开。

安装前清扫管腔，用管钳依次上紧，丝口外露2～3扣；安装完后找直、找正，复核甩口位置、方向无误。外露丝扣及镀锌层破坏处刷好防锈漆，甩口处均加好丝堵，阀门安装位置应便于操作。

2）支管安装：为保证支管甩口准确，安装前应进行箱体的预安。支管要以栓阀的坐标、标高定位甩口。支管暗敷在墙体内，并要垂直入墙，在水压试验合格后隐蔽。

3）箱体安装：检查甩口位置无误后，再进行安装、稳固箱体，并用水平尺找平、找正。安装好后须通知土建专业及时补烂。待土建湿作业完成后再安装箱体并继续系统水压试验。

4）消火栓配件安装：交工前进行配件的安装，消防水带应折好放大挂架上或双头外卷、卷实、盘紧放在箱内。消防水枪竖放在箱体内侧。

15. 自动喷水灭火系统施工工艺流程包括哪些内容？

答：（1）管道安装

1）自动喷水灭火系统管道 $DN \geqslant 100mm$ 的管道采用卡箍连接，$DN < 100mm$ 的管道采用丝扣连接。卡箍连接的质量控制要点主要是严格按管件的滚槽要求加工槽口深度，安装时支吊架应准确定位，管道的挠度不能超过管件的要求。螺纹连接的质量控制要点主要是严格按标准要求加工螺纹，安装时严格按施工工序进行，特别注意麻丝的质量和管钳收紧的力度。

2）自动喷水灭火管道穿过墙壁和楼板处，设置钢套管，钢套管内径应大于所穿管外径 20mm。安设在楼板上的套管，其顶部应高出地面 50mm，底部与楼板底面相平；安设在墙壁内的套管，其两端应与饰面相平。套管与穿管的空隙间填不燃柔性材料（玻纤皮）。

3）支、吊架与自动喷水灭火喷头之间的距离不小于300mm；与末端喷头之间的距离不大于 750mm。自动喷头灭火系统配水支管上每一直管段、相邻两喷头之间的管段设置的支、吊架均不少于一个；当喷头之间的距离小于 1.8m 时，可隔段设置支、吊架，但支、吊架的间距不大于 3.6m。

4）自动喷水灭火系统管道除设置支、吊架外，还应在下列部位再设置防晃支架：

① 在自动喷洒配水管中点设一个（管径 $DN \leqslant 50mm$ 时可

不设)。

② 自动喷洒配水干管及配水管、配水支管的长度超过 15m（包括管径 $DN=50$mm 的配水管及配水支管），每 15m 长度内最少设一个（管径 $DN\leqslant40$mm 的管段可不算在内）。

③ 管径 $DN\geqslant50$mm 的管道拐弯处（包括三通及四通位置）设一个。

④ 竖直安装的配水干管在其始端和终端设防晃支架或采用管卡固定，其安装位置距地面或楼面的距离为 1.5～1.8m。

5）室内暗设自动喷水管在隐蔽前进行试压。试验压力为 1.40MPa，2h 内降压不低于 0.05MPa，且目测管网应无渗漏和无变形。然后将试验压力降至工作压力作外观检查，以不漏为合格。

6）自动喷水管道变径时，采用异径管件。不采用补芯喷头与管网连接时必须采用异径管件，不准使用补芯。

（2）喷头安装

1）自动喷水喷头的安装应在系统管网经过试压、冲洗后和室内装修完毕后进行，接喷头配水管管径不小于 $DN=25$mm。

2）自动喷水喷头应妥善保管，安装前严格检查是否完好，并核对其规格、型号是否与设计相符。

3）喷头安装使用专用扳手，严禁利用喷头的框架施拧；喷头的框架、溅水盘产生变形或原件有损伤时，采用规格、型号相同的喷头更换。

4）自动喷水喷头安装后，逐个检查溅水盘有无歪斜，玻璃球有无裂纹和液体渗漏，如有则更换喷头。施工时严防喷头粘上水泥、砂浆等杂物，并严禁喷涂涂料油漆等污染物质，以免妨碍感温作用。

5）喷头的安装其他要求：

① 元件的中线处在顶板下 102～330mm，或喷头的溅水盘处在顶板下 127～356mm 之间。

② 对于喷头下方障碍物宽度＞19mm 且＜51mm，溅水盘离

障碍物最近的边缘的水平距离至少为 305mm 或障碍物应处在低于溅水盘至少 610mm 的距离。

③ 宽度>51mm 且<305mm 的连续障碍物，则溅水盘离障碍物最近边缘的水平距离至少为 305mm。

④ 宽度>305mm，且小于 610mm 的连续障碍物，则溅水盘离障碍物最近的边缘的水平距离至少为 610mm。

⑤ 宽度 610mm 的喷头下面障碍物如是连续扁平，水平的实体应在障碍物下安装一排喷头，喷头的感温元件离障碍物最大距离为 330mm，喷头间距最大为 2.43m（指所补喷头与上方正常布置喷头之间水平距离）。当障碍物是连续的但不是扁平（如圆形风管）或不是实体（如一组电缆），应在障碍物下方安装一个挡板，挡板宽度不小于障碍物宽度，然后在挡板下增设喷头。

⑥ 当屋面板下结构实体部件高度小于 305mm 时，喷头可直接布置在这些实体底部。

（3）水流指示器的安装

1）水流指示器的安装应在管道试压和冲洗合格后进行，水流指示器应与其所安设部位的管道相匹配。水流指示器的规格、型号应符合设计要求。

2）水流指示器的浆片、膜片一般垂直于管道，其动作方向应和水流方向一致；不得反向。安装后水流指示器浆片、膜片应动作灵活，不允许与管道有任何摩擦接触。

3）系统中的安全信号阀靠近水流指示器安装，且与水流指示器安装间距不小 300mm。

（4）末端试水装置

末端试水装置安装在系统管网末端或分区管网末端。

（5）报警阀组附件的安装

1）报警阀组的安装应先安装水源控制阀、报警阀，再进行报警阀辅助管道的连接，水源控制阀、报警阀与配水干管的连接，应保证水流方向一致，报警阀组安装位置应符合设计要求。安装报警阀组的室内地面应有排水设施。

2）压力表应安装在报警阀便于观测的位置；排水管和试验阀应安装在便于操作的位置；水源控制阀安装应便于操作，且应有明显开闭标志和可靠的锁定设施。湿式报警阀的安装应确保报警阀前后的管道中能顺利充满水；压力波动时，水力警铃不发生误报警，报警水流通路上的过滤器应安装在延迟器前，且便于排渣操作的位置；水力警铃应安装在公共通道或值班室附近的外墙上，且应安装检修、测试用的阀门。水力警铃和报警阀的连接应采用镀锌钢管，当镀锌钢管的公称直径为 15mm 时，其长度不应大于 6m；当镀锌钢管的公称直径为 20mm，安装后的水力警铃启动压力不小于 0.05MPa。

（6）自动喷水灭火系统重点难点分析及应对措施

1）管网渗漏，采取以下预防措施：

① 所有管网的管材和管网上的阀门零部件均应是合格产品。

② 管网的施工人员必须持证上岗，并且经验丰富。

③ 如发现渗漏，应及时查明所在位置，排水进行处理。

2）水流指示器（或信号蝶阀）不发出报警信号，采取以下措施：

① 检查水流指示器（或信号蝶阀）的安装方向是否正确，型号是否与口径一致。

② 检查水流指示器（或信号蝶阀）上的电器元件工作是否正常。

3）湿式报警阀组不发出报警信号，采取以下措施：

① 检查该阀组安装方式和管路连接方式是否正确。

② 如果该阀组压力开关不报警，应检查压力开关的电路是否正常。

③ 如果该阀组的警铃不发出报警，应检查警铃盘内的转轴旋转是否灵活，周围是否有遮挡物。

16. 典型智能化子系统安装和调试的基本要求有哪些？

答：典型智能化子系统安装和调试的基本要求如下：

建筑设备监控子系统（以下间称为 BA）通常要求监控建筑物内或建筑群的所有机电设备，例如空气处理系统、给水排水、冷热源、变配电、照明、电梯、停车库管理等设备。建筑设备监控子系统组成一般应包括三部分：一是中央计算机系统；二是智能分站（DDC），主要完成数据（包括开关量和模拟量）采集和传送及本地控制的功能；三是各类的传感器及执行器。由于建筑设备监控子系统的安装与土建、暖通空调、给水排水、强电等专业关系密切，因此掌握建筑设备监控子系统的安装和调试的基本要求是十分重要的。

（1）BA 系统施工界面的确定

楼宇自控系统就是所谓的 BA 系统，楼宇自控系统范围内的各种主控设备和辅助设备及配件的施工范围构成 BA 系统施工界面。

（2）主要输入设备的安装要求

有输入设备安装之前应进行通电试验。

1）流量传感器的安装位置应是水平位置，应注意避免电磁干扰和接地，以保证测量的准确性。

2）电量变送器安装时要特别注意防止电压输出端短路及电流输出端开路，变送器的输入、输出范围应与设计和 DDC 所要求的信号相匹配。

（3）主要输出设备的安装

1）电磁阀安装；

2）电动调节阀安装；

3）电动风门驱动器安装；

4）风机盘管温控器安装。

（4）系统设备安装包括的内容

1）综合布线系统安装；

2）通信系统设备安装；

3）计算机网络系统安装；

4）建筑设备监控系统安装；

5）有线电视设备系统安装；

6）扩声、背景、音乐系统设备安装；

7）电源与电子设备防雷接地设备安装；

8）停车场管理系统的安装；

9）楼宇安全防范系统设备安装；

10）住宅小区智能化系统设备安装。

（5）机房、电源及接地

在建筑智能化工程的实施中要特别注意机房、电源及接地系统。根据智能化工程规模大小，设备分布及对电源的需求，可采取 UPS 分散供电和 UPS 集中供电相结合的方式。但要注意电力系统与弱电系统的线路应分开敷设。要注意电源抗干扰的措施。

智能建筑的接地要求有防雷接地，工作接地，保护接地，屏蔽与防静电接地。强电与弱电的接地走向要分开。弱电竖井内设有单独接地干线，将每层弱电设备的保护接地和工作接地与接地干线相连。采用联合接地时，接地电阻应不大于 1Ω，采用单独接地体时，接地电阻应不大于 4Ω。

（6）环境保护要求

注意环境保护（防水、防腐等）及电磁干扰的保护及安装位置的选择；注意箱体进线的合理性及箱内布线合理。注意考虑箱内接线减少干扰，便于接线、调试、美观及日后维护工作，连接牢固标志清晰。

（7）系统调试的基本要求

1）系统调试的前提条件；

2）系统调试应在安装前单体调试合格的基础上进行；

3）系统调试的程序；

4）系统调试的内容；

5）系统联调。

（8）系统的接线检查

1）系统通信检查；

2）系统监控性能的测试；

3）系统联动功能的测试。

17. 智能化工程施工工艺顺序是什么？

答：智能化工程各施工段的施工顺序如下。

（1）搭建项目小区的网络架构，建立小区弱电井，确定路由位置的施工顺序

1）确定园区各楼宇间与控制中心的路由位置；

2）预埋弱电管道、建立弱电井；

3）选择弱电管道，安装线缆或光缆。

（2）楼宇内的施工顺序

1）一次预埋的施工顺序

① 先按照土建的施工进度依照施工图纸选择有预埋要求的主体墙面或地面；

② 根据设计要求选择各系统相应的弱电用管道，放入拉线绳，密封好管道口，防止堵塞，并用混凝土浇筑到相应的主体墙面或地面中；

③ 待混凝土凝固后检查弱电管道是否畅通，拉线绳是否可用；如出现被堵现象，需马上清除被堵物或重新铺设弱电管道，被堵管道不允许超过 $1\%\sim2\%$。

2）二次预埋的施工顺序

其工序与一次预埋基本相同。

3）铺设线缆的施工顺序

施工准备→路面破开，管沟的开挖。电缆的穿行→（←）质量检查→穿行好的线缆进行埋设→路面及管沟的回填和修复→外观检查及线路的接通→（←）质量检查→电缆验收

4）设备调试的施工顺序

① 调试人员在系统调试前，应认真阅读系统原理图、平面图（施工布线图），透彻理解设计意图，了解各系统设备的性能及技术指标，对相关数据的整定值、调试技术标准做到心中有

数，对本工程采用的各系统模式所要达到的控制功能要求必须完全领会，方可进行调试工作。

② 调试开通的质量和速度在很大程度上取决于管线敷设及设备安装的质量。因此在调试开通前必须向各子系统施工单位或有关部门了解管线及设备安装的进度与质量状况。调试前还应按设计要求查验设备的规格与型号、数量等，如发现管线或设备安装有与设计不符的现象，应尽快调整。

③ 调试开通前，首先对各线路按各系统功能要求进行线路测试，还应对各线路的工作接地和保护接地以及不同性质的线缆是否存在共管现象进行认真查验；其次要查看导线上的标志是否与施工图上的标注吻合，检查接线端子的压线是否与接线端子表的规定一致。对各子系统工程设备的单机运行进行仔细的功能测试。

④ 在确定线路无故障和各子系统工程设备运行正常后，方能对整体系统进行现场模拟联动试验。在此项工作未结束之前，不能打开所有联动控制电源，以免因为设备故障损坏联动设备；所有联动设备现场模拟试验均无问题以后，再从控制中心对各设备进行手动或自动操作系统联调。

（3）各系统的施工顺序

1）电气装置施工顺序：埋管与埋件→设备安装→线路敷设→回路接通→检查试验→送电调试→试运行验收。

2）给水、排水、供热、供暖管道的施工顺序：施工准备→配合土建预留预埋→管道支架制作→附件检验→管道安装→管道系统试验→防腐绝热→系统清洗→竣工验收。

3）变压器施工顺序：设备开箱、检查→变压器二次搬运→变压器稳装→附件安装→变压器检查及交接试验→送电前检查→送电运行验收。

4）通风与空调工程施工顺序：施工准备→风管及部件加工→风管及部件中间验收→风管系统安装→风管系统严密性试验→空调设备及空调水系统安装→风管系统测试与调整→空调系

统调试→竣工验收→空调系统综合效能测定。

（4）整体工程施工顺序

1）施工初期阶段；

2）施工高峰阶段；

3）竣工验收阶段。

第二章　基 础 知 识

第一节　设备安装相关的力学知识

1. 力、力矩、力偶的基本性质有哪些?

答:(1) 力

1) 力的概念。力是物体之间相互的机械作用,这种作用的效果是使物体的运动状态发生改变,或者是物体发生变形。

2) 力的三要素。力的大小、力的方向和力的作用点。

3) 静力学公理。①作用力与反作用力公理;两个物体之间的作用力和反作用力,总是大小相等,方向相反,沿同一直线,并分别作用在这两个物体上。②二力平衡公理:作用在同一物体上的两个力,使物体平衡的必要和充分条件是,这两个力大小相等,方向相反,且作用在同一直线上。③加减平衡力系公理:作用于刚体上的力可以沿其作用线移到刚体的内的任意点,而不改变原力对刚体的作用效应。根据力的可传性原理,力对刚体的作用效应与力的作用点在作用线的位置无关。加减平衡力系公理和力的可传性原理都只适用于刚体。

(2) 力偶

1) 力偶的概念。把作用在同一物体上大小相等、方向相反但不共线的一对平行力组成的力系称为力偶,记为 (F, F')。力偶中两个力的作用线间的距离 d 称为力偶臂。两个力所在的平面称为力偶的作用面。

2) 力偶矩。用力和力偶臂的乘积再加上适当的正负号所得的物理量称之为力偶矩,记作 $M(F, F')$ 或 M,即

$$M(F, F') = \pm Fd$$

力偶正负号的规定：力偶正负号表示力偶的转向其规定与力矩相同。即力偶使物体逆时针转动则为力偶正，反之，为负。力偶矩的单位与力矩的单位相同。力偶矩的三要素：力偶矩的大小、转向和力偶的作用面的方位。

3）力偶的性质。力偶的性质包括：①力偶无合力，不能与一个力平衡或等效，力偶只能用力偶来平衡。力偶在任意轴上的投影对于零。②力偶对于其平面内任意点之矩，恒等于其力偶矩，而与矩心的位置无关。凡是三要素相同的力偶，彼此相同，可以互相代替。力偶对物体的作用效应是转动。

（3）力偶系

1）力偶系的概念。作用在同一物体上的力偶组成一个力偶系，若力偶系的各力偶均作用在同一平面，则称为平面力偶系。

2）力偶系的合成。平面力偶系合成的结果为一合力偶，其合力偶矩等于各分力偶矩的代数和。即：

$$M = M_1 + M_2 + \cdots M_n = \Sigma M_i$$

（4）力矩

1）力矩的概念。将力 F 与转动中心点到力 F 作用线的垂直距离的乘积 Fd 并加上表示转动方向的正负号称为力 F 对 o 点的力矩，用 $M_o(F)$ 表示，即

$$M_o(F) = \pm Fd$$

正负号的规定与力偶的规定相同。

2）合力矩定理

合力对平面内任意一点之矩，等于所有分力对同一点之矩的代数和。即

$$F = F_1 + F_2 + \cdots F_n$$

则

$$M_o(F) = M_o(F_1) + M_o(F_2) + \cdots M_o(F_n)$$

2. 平面力系的平衡方程有哪几个?

答:(1)力系的概念

凡各力的作用线都在同一平面内的力系称为平面力系。在平面力系中各力的作用线均汇交于一点的力系,称为平面汇交力系;各力作用线互相平行的力系,称为平面平行力系;各力的作用线既不完全平行,也不完全汇交的力系称为平面一般力系。

(2)力在坐标轴上的投影

力在两个坐标轴上的投影、力的值、力与 x 轴的夹角分别如下各式所示。

$$F_x = F\cos\alpha$$
$$F_y = F\sin\alpha$$
$$F = \sqrt{F_x^2 + F_y^2}$$
$$\alpha = \arctan\left|\frac{F_y}{F_x}\right|$$

(3)平面汇交力系的平衡方程

平面一般力系的平衡条件:平面一般力系中各力在两个任选的直角坐标系上的投影代数和分别等于零,各力对任一点之矩的代数和也等于零。用数学公式表达为:

$$\Sigma F_x = 0$$
$$\Sigma F_y = 0$$
$$\Sigma m_0(F) = 0$$

此外,平面一般力系平衡方程还可以表示为二矩式和三力矩式。它们各自平衡的方程组分别如下:

二矩式:

$$\Sigma F_x = 0$$
$$\Sigma m_A(F) = 0$$
$$\Sigma m_B(F) = 0$$

三力矩式:

$$\Sigma F_x = 0$$

$$\Sigma m_A(F) = 0$$
$$\Sigma m_C(F) = 0$$

（4）平面力偶系

在物体的某一平面内同时作用有两个或两个以上的力偶时，这群力偶就称为平面力偶系。由于力偶在坐标轴上的投影恒等于零，因此，平面力偶系的平衡条件为：平面力偶系中各力偶的代数和等于零，即

$$\Sigma M = 0$$

3. 单跨静定梁的内力计算方法和步骤各有哪些？

答：静定结构在几何特性上是无多余联系的几何不变体系，在静力特征上仅由静力平衡条件可求全部反力内力。

（1）单跨静定梁的受力

静定结构只在荷载作用下才产生反力、内力；反力和内力只与结构的尺寸、几何形状等有关，而与构件截面尺寸、形状、材料无关，且支座沉陷、温度变化、制造误差等均不会产生内力，只产生位移。

1）单跨静定梁的形式

以轴线变弯为主要特征的变形形式称为弯曲变形或简称弯曲。以弯曲为主要变形的杆件称为梁。单跨静定梁的包括单跨简支、伸臂梁（一端伸臂或两端伸臂）和悬臂梁。

2）静定梁的受力

静定梁在上部荷载作用下通常受到弯矩、剪力和支座反力的作用，对于悬臂梁支座根部为了平衡固端弯矩就需要竖直方向的支反力和水平方的轴向力。一般梁纵向轴力对梁受力的影响不大，讨论时不予考虑。

① 弯矩。截面上应力对截面形心的力矩之和，不规定正负号，弯矩图画在杆件受拉一侧，不注符号。

② 剪力。剪力截面上应力沿杆轴法线方向的合力，使杆端微有顺时针方向转动趋势的为正，画剪力图要注明正负号；由力

的性质可知：在刚体内，力沿其作用线滑移，其作用效应不改变。如果将力的作用线平行移动到另一位置，其作用效应将发生变化，其原因是力的转动效应与力的位置有直接的关系。

（2）用截面法计算单跨静定梁

计算单跨静定梁常用截面法，其具体步骤如下：

1）根据力和力矩平衡关系求出梁端支座反力；

2）截取隔离体。从梁的左端支座开始取距支座为 x 长度的任意截面，假想将梁切开，并取左端为分离体。

3）根据分离体截面的竖向力平衡的思路求出截面剪力表达式（也称为剪力方程），将任一点的水平坐标带入剪力平衡方程就可得到该截面的剪力。

4）根据分离体截面的弯矩平衡的思路求出截面弯矩表达式（也称为弯矩方程），将任一点的水平坐标带入剪力平衡方程就可得到该截面的弯矩。

5）根据剪力方程和弯矩方程可以任意地绘制出梁剪力图和弯矩图，以直观观察梁截面的内力分配。

4. 多跨静定梁的内力分析方法和步骤各有哪些？

答：多跨静定梁是指由若干根梁用铰相连，并用若干支座与基础相连而组成的静定结构。多跨静定梁的受力分析应先进行附属部分，后基本部分的分析顺序。分析时先计算全部反力（包括基本部分反力及连接基本部分与附属部分的铰处的约束反力），做出层叠图；然后将多跨静定梁拆成几个单跨梁，按先附属部分后基本部分的顺序绘内力图。

5. 静定平面桁架的内力分析方法和步骤各有哪些？

答：静定平面桁架的功能和横跨的大梁相似，只是为了提供房屋建筑更大的跨度。其构成上与梁不同，内力计算也就不同。它的内力分析步骤如下。

（1）根据静力平衡条件求出支座反力。

（2）从左向右、从上而下对桁架各节点编号。

（3）从左端支座右侧的第一节间开始，用截面法将上下弦第一节间截开，按该截面各杆件到支座中心弯矩平衡求出各杆件的轴向内力。

（4）依次类推，将第二节间和第三节间截开，根据被截截面各杆件弯矩和剪力平衡的思路，求出相应节间内各杆件的轴力。

6. 杆件变形的基本形式有哪些？

答：杆件变形的基本形式有拉伸和压缩、弯曲和剪切、扭曲等。

拉伸或压缩是杆件在沿纵向轴线方向受到轴向拉力或压力后长度方向的伸长或缩短。在弹性限度内产生的伸长或缩短是与外力大小成正比例的。

弯曲变形是杆件截面受到集中力偶或沿梁横截面方向外力作用后引起的弯曲变形。杆件的变形是曲线形式。

剪切变形是指杆件在沿横向一对力相向作用下截面受剪后产生的截面错位的变形。

扭转是指杆件受到扭矩作用后截面绕纵向形心轴产生扭转变形。

7. 什么是应力和应变？在工程中怎样控制应力和应变不超过相关结构规范的规定？

答：应力是指构件在外荷载作用下，截面上单位面积内所产生的力。应变是指构件在外力作用下单位长度内的变形值。

在工程设计中应根据相应的结构进行准确的荷载计算、内力分析，根据相关设计规范的规定进行必要的强度验算、变形验算，使杆件的内力值和变形值不超过实际规范的规定，以满足设计要求。

8. 什么是杆件的强度？在工程中怎样应用？

答：强度是指杆件在特定受力状态下到达破坏状态时截面能

够承受的最大应力。也可以简单理解为，强度就是杆件在外力作用下抵抗破坏的能力。对杆件来说，就是结构构件在规定的荷载作用下，保证不因材料强度发生破坏的要求，称为强度要求。

在进行工程设计时，针对每个不同构件，应在明确受力性质和准确内力计算基础上，根据工程设计规范的规定，通过相应的强度计算，使杆件所受到的内力不超过其强度值来保证。

9. 什么是杆件刚度和压杆稳定性？在工程中怎样应用？

答：杆件的刚度是指杆件在弹性限度范围内抵抗变形的能力。在同样荷载或内力作用下，变形小的杆件其刚度就大。为了保证杆件变形不超过规范规定的最大变形值，就需要通过改变和控制杆件的刚度来满足。换句话说，刚度概念的工程应用就是用来控制杆件的变形值。

对于梁和板其截面刚度越大，它在上部荷载作用下产生的弯曲变形就越小，反映在变形上就是挠度小。对于一个受压构件，它的截面刚度大，它在竖向力作用下的侧移的发生和增长速度就慢，到达承载力极限时的临界荷载就大，稳定性就高。

稳定性是指构件保持原有平衡状态的能力。压杆通常是长细比比较大，承受轴向的轴心力或偏心力作用，由于杆件细长，在竖向力作用下，它自身保持原有平衡状态的能力就比较低，并且越是细长其稳定性越差。

细长压杆的稳定承载力和临界应力可以根据欧拉临界承载力公式和临界应力公式计算确定。

工程设计中要保证受压构件不发生失稳破坏，就必须按照力学原理分析杆件受力，严格按照设计规范的规定，进行验算和设计。

10. 什么是流体？它有哪些物理性质？

答：（1）流体的概念

流体，是与固体相对应的一种物体形态，是液体和气体的总称，由大量的、不断地作热运动而且无固定平衡位置的分子构成的，它的基本特征是没有一定的形状并且具有流动性。

（2）流体的特性

流体都有一定的可压缩性，液体可压缩性很小，而气体的可压缩性较大，在流体的形状改变时，流体各层之间也存在一定的运动阻力（即黏滞性）。当流体的黏滞性和可压缩性很小时，可近似看作是理想流体，它是人们为研究流体的运动和状态而引入的一个理想模型。

11. 流体静压强的特性和分布规律各是什么？

答：（1）流通静压强分布特性

在容器中，取一圆柱体，它的水平截面积为 dA，在重力作用下，水平方向因表面力大小相等，方向相反。在竖直方向，作用在底面的压力等于 p，方向向上；顶面的压力等于 $p+dp$，方向向下；质量力是重力 $\rho g dz dA$ 方向向下，各力处于平衡状态，有 $p dA-(p+dp)dA-\rho g dA dz=0$，用 dA 两边除各项可得

$$dp = -\rho g dz$$

对于不可压缩流体 ρ 为常数，积分上式得

$$p = \rho g z + c$$

将自由液面 $z=z_0$，$p=p_0$ 代入，求得积分常数 $c=p_0+\rho g z_0$ 代入上式，并用液面下的深度 $z_0-z=h$ 代入可得

$$p = p_0 + \rho g (z_0 - z) = p_0 + \rho g h$$

也有教材中用符号 $\gamma=\rho g$，表示单位体积流体的重量，这样则有

$$p = p_0 + \gamma h$$

它说明在静止流体中，任一点的压强等于表面压强加上单位面积（$A=1$）的液体柱重量（$\rho g h A$）。利用它可求出静止流体中任一点压强值。

（2）流体静压强的分布规律

1）根据以上公式可知，自由表面压强变化，液体内所有各

点压强都随着变化，这个表面不一定是自由表面。例如，在密闭容器中的表面加一活塞，当活塞对容器加压所产生的压强将等值地传递到液体中的各点，这就是帕斯卡定理。

2）在重力作用下的静止均质流体中，自由表面深度 h 相等的各点压强相等。压强相等各点组成的面称为等压面。重力作用下的静止流体自由表面是等压面且和重力相互垂直。同样，在连通器中两种不相混杂液体的分界面是水平面也是等压面。

3）流体密度不同，产生的压强就不同，一个容器装满清水或海水或水银，其容器底的压强不相同。基本方程在一定范围内也适用于气体，如在空气中由于它的密度只有水的 $1/800$，当 h 不大时，p 和 p_0 可看作相等。

12. 流体流动分为几类？它有什么特性？

答：流体的运动分为层流和湍流两种。

层流是流体的一种流动状态。当流速很小时，流体分层流动，互不混合，称为层流，或称为片流；逐渐增加流速，流体的流线开始出现波浪状的摆动，摆动的频率及振幅随流速的增加而增加，此种流况称为过渡流；当流速增加到很大时，流线不再清楚可辨，流场中有许多小漩涡，称为湍流，又称为乱流、扰流或紊流。

这种变化可以用雷诺数来量化。雷诺数较小时，黏滞力对流场的影响大于惯性力，流场中流速的扰动会因黏滞力而衰减，流体流动稳定，为层流；反之，若雷诺数较大时，惯性力对流场的影响大于黏滞力，流体流动较不稳定，流速的微小变化容易发展、增强，形成紊乱、不规则的湍流流场。

13. 孔板流量计、减压阀的基本工作原理各是什么？

答：（1）孔板流量计

孔板流量计是将标准孔板与多参数差压变送器（或差压变送器、温度变送器及压力变送器）配套组成的高量程比差压流量装置，可测量气体、蒸汽、液体的流量，广泛应用于石油、化工、冶金、电力、供热、供水等领域的过程控制和测量。节流装置又称为差压式流量计，是由一次检测件（节流件）和二次装置（差压变送器和流量显示仪）组成广泛应用于气体。蒸汽和液体的流量测量。具有结构简单，维修方便，性能稳定。

（2）减压阀

减压阀是通过调节，将进口压力减至某一需要的出口压力，并依靠介质本身的能量，使出口压力自动保持稳定的阀门。从流体力学的观点看，减压阀是一个局部阻力可以变化的节流元件，即通过改变节流面积，使流速及流体的动能改变，造成不同的压力损失，从而达到减压的目的。然后依靠控制与调节系统的调节，使阀后压力的波动与弹簧力相平衡，使阀后压力在一定的误差范围内保持恒定。

第二节　建筑设备的基本知识

1. 欧姆定律和基尔霍夫定律的含义各是什么？

答：（1）欧姆定律

在同一电路中，导体中的电流跟导体两端的电压成正比，跟导体的电阻成反比，用公式表示为：

$$I = \frac{U}{R}$$

式中　I——导体中通过的电流值（A）；

　　　U——导体两端的电压值（V）；

　　　R——导体的电阻（Ω）。

（2）基尔霍夫定律

基尔霍夫定律是德国物理学家基尔霍夫提出的，电路理论中最基本也是最重要的定律之一，它概括了电路中电流和电压分别遵循的基本规律。它包括基尔霍夫电流定律（KCL）和基尔霍夫电压定律（KVL）。

1）第一定律叫结点方程：在任一瞬时，流向某一结点的电流之和恒等于由该结点流出的电流之和（结点是由至少两条线相交的点）。

2）第二定律称为回路方程：在任一瞬间，沿电路中的任一回路绕行一周，在该回路上电动势之和恒等于各电阻上的电压降之和。比如在整个电路中，电源有电动势，在内电阻和外电路上有电压降，则电压降之和等于电源电动势，对于电路中含有多个电源的情况也成立。如果电源有反向的，就规定一个正向，把电源正向的电动势相加，减去负向的电源的电动势，等于回路中的电压降，如果某处电流方向与规定的正向相反，则该处的电阻的电压将为负。

2. 正弦交流电的三要素及有效值各是什么？

答：（1）正弦交流电的三要素

正弦交流电的三要素是：

1）交流电的最大值；

2）交流电的角频率；

3）交流电的初相角。

（2）正弦交流电的有效值

交流电的有效值是用它的热效应规定的，因此我们要设法求出正弦交流电的热效应．正弦交流电电压的瞬时值。正弦交流电，可以简单地把峰值除以 1.414 或者乘以 0.707，就得到有效值。

3. 电流、电压、电功率的含义各是什么？

答：（1）电流

电工学上把单位时间里通过导体任一横截面的电量叫做电流强度，简称电流。通常用字母 I 表示。

（2）电压

电压也称作电势差或电位差，是衡量单位电荷在静电场中由于电势不同所产生的能量差的物理量。其大小等于单位正电荷因受电场力作用从 A 点移动到 B 点所作的功，电压的方向规定为从高电位指向低电位的方向。

（3）电功率

电流在单位时间内做的功叫作电功率。是用来表示消耗电能快慢的物理量，用 P 表示，它的单位是瓦特（Watt），简称瓦，符号是 W。

4. RLC 电路及其谐振功率因数的概念各是什么？

答：电工学中把视在功率用 S 表示，包括有用功率 P 和无用功率 Q。电阻做功是把电能转化为其他能量而实实在在地作了功，所以称为有用功 P；电感和电容之间是一个能量交换的过程，能量转换来转换去，并没有转换为其他形式的能量，这部分能量始终存在于电网中，并未消失，所以称为无功 Q，这个无功 Q 的能量转换过程也有电流存在，所以又引入的视在功率 S 的概念，S 就是 P 和 Q 的向量和，举个例子比如变压器的最大负荷电流为 2000A，那这 2000A 中既包括有功电流同时也包括了无功电流，所以我们希望尽量减小无功电流来释放变压器的能量，也就有了功率因数的概念即有功 P 和视在功率 S 的比值。

RCL 电路发生谐振，功率因数等于 1。

5. 变压器和三相交流异步电动机的基本结构组成有哪几部分？其工作原理是什么？

答：（1）变压器

变压器由套在一个闭合铁心上的两个绕组组成。铁芯和绕组是变压器最基本的组成部分。另外还有油箱、油枕、呼吸器、散热器、防爆器、绝缘套管等。

变压器各部件的作用如下：

铁心：是变压器电磁感应的磁通路，它是用导磁性能很好的硅钢片叠装组成的闭合磁路。

绕组：是变压器的电路部分，它是由绝缘铜线或铝线绕成的多层线圈套装在铁芯上。

油箱：是变压器的外壳。内装铁芯、线圈和变压器油，同时起散热作用。

油枕：当变压器油的体积随油温变化而膨胀或缩小时，油枕起着储油及补油的作用，以保证油箱内充满油，油枕还能减少油与空气的接触面，防止油被过速氧化和受潮。

呼吸器：油枕内的油是通过呼吸器与空气相同的，呼吸器内装干燥剂，为了吸收空气中的水分和杂质，使油保持良好的电气性能。

散热器：当变压器上层油温与下层油温产生温差时，通过散热器形成油的循环，使油经散热器冷却后流回油箱，起到降低变压器油温的作用。

防爆管：当变压器内部有故障，油温升高，油剧烈分解产生大量的气体。使油箱内部压力剧增，这使防爆管玻璃破碎，油及气体从管口喷出，以防止变压器油箱爆炸或变形。

高、低压绝缘套管：是变压器高、低压绕组的引线引到油箱外部的绝缘装置。它起着固定引线和对地绝缘的作用。

分接开关：是调整变压器电压比的装置。

瓦斯继电器：是变压器的主要保护装置，当变压器内部发生故障时，瓦斯继电器上接点接信号回路，下接点接断路器跳闸回路，能发出信号并使断路器跳闸。

（2）三相异步电动机

三相异步电动机的构成：电机固定不动的部分叫作定子，定子由电机外壳、3 个绕组线圈和硅钢条构成，转子就是可以使电机转动的部分。转子硅钢铁心内部镶有转子线圈，主轴两端的轴承内侧是轴承油腔的内轴承盖，外侧有防止轴承移动的轴承卡环和轴承油腔的外轴承盖，外轴承盖边缘是防止油渗出的油封和电机尾部的电机风叶，风叶也用卡环固定。

？ 6. 建筑给水和排水系统怎样分类？常用器材如何选用？

答：（1）建筑给水系统

1）生活给水系统：供给人们生活用水的系统，水量、水压应满足要求，水质必须符合国家有关生活饮用水卫生标准。

2）生产给水系统：供给各类产品制造过程中所需用水及冷却、产品和原料洗涤等用水，其水质、水压、水量因产品种类、生产工艺不同而不同。

3）消防给水系统：一般是专用的给水系统，其对水质要求不高，但必须满足建筑设计防火规范对水量和水压的要求。

（2）建筑给水方式

1）直接给水

室外管网的水直接进入室内管网。当室外给水管网的压力和水量能满足室内用水要求时，应采用这种简单，经济的给水方式。

这种给水方式有时需设置水箱来调节。采用水箱时应注意水箱中水的污染防治问题。

2）间接给水

室外管网的水通过水箱或者升压设备后进入室内管网的，用水的压力和流量基本不受给水管网的影响

间接给水又分为以下几种方式：

① 设水箱的给水方式。

② 设水泵的给水方式。

③ 设水泵-水箱的给水方式。

④ 设气压给水设备的给水方式。

3）分区给水

高层建筑层数多，高度大，在竖向上必须分为几个区，否则会因低层管道中静水压力过大，造成管道及附件漏水、低层出水流量大、产生噪声等不利影响，严重时会损坏阀门、管道爆裂。需要说明的是分区给水属于间接给水。

（3）排水系统的分类

建筑排水系统按其排放的性质可分为生活污水、生产废水、雨水三类排水系统，也可以根据污水的性质和城市排水制度的状况，将性质相近的生活与生产废水合流。当性质相差较大时，不能采用合流制。

（4）建筑排水系统的组成

排水系统力求简短，安装正确牢固，不渗不漏，使管道运行正常，它通常由下列部分组成。排水系统由卫生器具、排水管道、清通设备、抽升设备、通气管道系统以及局部污水处理系统组成。

1）卫生器具：卫生器具是建筑内部排水系统的起点，用来满足日常生活和生产过程中各种卫生要求，收集和排除污废水的设备。包括洗脸盆、洗手盆、洗衣盆、洗菜盆、浴盆、地漏等。

2）排水管道：由连接卫生器具的排水管、横支管、立管、排水管以及总干管组成。

3）清通设备：排水管道上的清通设备有检查井、清扫口和地面扫除口。室外管的清通设备是检查井。清通设备主要作为疏通排水管道之用。

4）抽升设备：当排水不能以重力流排至室外排水管时，必须设置局部污水抽升设备来排除内部污水。常用的抽升设备有污水泵、潜水泵、喷射泵、手摇泵及气压输水器等。

5）通气管道系统：通气管道是与排水管系相连通的一个系统，只是该管系内不通水，有补给空气加强排水管系内气流循环流动从而控制压力变化的功能，防止卫生器具水封破坏，使管道系统中散发的臭气和有害气体排到大气中去。

6）局部污水处理系统：当建筑内部污水未经处理不允许直接排入市政排水管网或水体时，须设污水局部处理系统。

7. 建筑电气工程怎样分类？

答：按供电特性，一般的建筑电气工程分强电和弱电两种。

强电包括高低压系统图、配电平面图、照明平面图、防雷接地平面图，电缆配置等；弱电包括监控、自控以及设备等的详细控制线路。

按电气工程在空间的位置关系可分为室外工程、室内工程。

室外工程一般分为高低压配电、电缆、电缆沟等；室内工程一般分为配电箱、电线或电缆、电气设备等。

8. 家庭供暖系统怎样分类？

答：家庭供暖系统包括很多环节，选择哪种供暖系统是第一步，只有明确了家庭供暖方式我们才能有针对性地选购产品，寻找可靠专业的安装公司。目前主流家庭供暖系统主要有水地暖、电地暖和暖气片，这三种家庭供暖系统都有各自的优势，用户可以根据自身的习惯选择适合自己的供暖系统。

（1）水地暖系统

水地暖又称为低温地面辐射供暖系统，水地暖的供暖方式被公认是目前舒适度最高的供暖方式。水地暖施工地面需要抬高 5~7cm（不包括地面装修材料）；供暖水温不超过 60℃（欧洲标准为 45℃），升温时间长，需要连续开启；不能使用需要架设龙骨的地板或实木地板；地面覆盖物尽量少，特别适合挑高空间或者大开阔区域；一定注意需要连续开启使用，即开即用的使用方式不适合采用该地暖系统。

（2）暖气片供暖系统

暖气片供暖系统：这是目前世界上使用得最多的供暖系统，尤其是在欧洲。暖气片供暖系统主要特点与注意事项：地面不占用层高但是需要占用墙面空间；供暖水温 75℃；各个区域能非常灵活地采用独立控制开关；升温迅速，适合间歇式使用方式；对地面装修材料无要求。严格意义上来说，暖气片供暖系统更加适合长江流域的冬季气候特点，间歇式的使用方式更加节能。

（3）电地暖

电地暖是将发热电缆埋设在地板中，以发热电缆为热源加热地板，供室内取暖。发热电缆地面供暖的特点与注意事项：非常适合小面积的地面供暖需求；大面积使用投入成本与运行费用都要高于燃气系统（供暖面积 $50m^2$ 一般可以视作临界点：低于 $50m^2$ 建议选择发热电缆，超过则建议使用燃气水系统）；家庭只能使用双导线；地面需要抬高；电能是二次能源，在使用成本上来说高于一次能源类系统。

这三种家庭供暖系统使用率都很广，没有谁好谁坏之分，而且这三种供暖方式彼此并不冲突，可以采用混装模式，同时安装这三种家庭供暖系统。在很多舒适家居系统工程中都采用了混装的供暖方式，这样可以根据自身的需要开启合适的供暖系统，更加节能方便。

暖气选择：面积小的空间，例如卫生间，可以选择柱式散热器，可节省室内空间，且横柱上还可挂毛巾或烘烤小件衣物；对于面积较大的居室，则建议购买板式散热器。

供暖分类：若是集中供暖，选择就比较多，钢制和铜铝的散热器都可以；独立供暖的家最好选择铜铝复合散热器。

钢制散热器：外形美观，但怕氧化，停水时一定要充水密封。并且其对小区的供暖系统有一定要求，需专业人员上门查看。铝制散热器：不受小区供暖系统的限制，散热性较好，节能；若发现室内温度不够，还可以在供暖季之后加装暖气片。但铝材料怕碱水腐蚀，进行内防腐处理可提高使用寿命。铜铝复合散热器：承压能力高，散热效果好，防腐效果好，供暖季过后无须满水保养，没有碱化和氧化之虞，比较适合北方的水质及复杂的供暖系统，但造型较单一。暖气大致有以上几种分类，可以根据家中的需要及相关因素选择集中供暖还是独立供暖。

9. 通风工程系统怎样分类？

答：（1）按通风系统的作用范围不同，可分为：

1）全面通风系统

全面通风是对整个车间或房间进行通风换气，以改变温、湿度和稀释有害物质的浓度，使作业地带的空气环境符合卫生标准的要求。

2）局部通风系统

局部通风只使室内局部工作地点保持良好的空气环境，或在有害物产生的局部地点设排放装置，不让有害物在室内扩散而直接排出的一种通风方法，局部通风系统又分局部排风和局部送风两类。

（2）按通风系统的工作动力不同，可分为：

1）自然通风

自然通风指依靠自然作用压力（风压或热压）使空气流动。

2）机械通风

机械通风依靠风机产生的压力强制空气流动，通过管道把空气送到室内指定地点，也可以从任意地点要求的吸气速度排除被污染的空气，并根据需要可以对进风或排风进行各种处理。机械通风根据覆盖面积和需要可分为局部通风和全面通风两种。

10. 空调系统如何分类？

答：（1）按照使用目的分：

1）舒适空调。要求温度适宜，环境舒适，对温度和湿度的调节无一定的要求，用于住房、办公室、影剧院、商场、体育馆、汽车、船舶、飞机等。

2）工艺空调。对温度调节有一定的要求，另外对空气的洁净度也有较高的要求。用于电子器件生产车间、精密仪器生产车间、计算机房、生物实验室等。

（2）按照空气处理方式分：

1）集中式（中央）空调。空气处理设备集中在中央空调室里，处理时的空气通过风管送至各房间的空调系统。适用于面积大、房间集中、各房间热湿负荷接近的场所选用。如宾馆、办公室、船舶、工厂等。系统维修管理方便，设备消声隔振比较容易解决。

2）半集中式空调。既有中央空调也有处理空调末端装置的空调系统。这种系统比较复杂，可以达到较高的调节精度。适用于对空气精度要求较高的车间和实验室等。局部式空调每个房间都有各自的设备处理空气的空调。空调器可以直接装在房间里或装在临近房间里，就地处理空气。适用于面积小、房间分散、热湿负荷相差较大的场合，如办公室、机房、家庭等。其他设备可以是单台独立式空调相组，如窗式、分体式空调器等。也可以是由管道集中给冷热水的风机盘管式空调器组成的系统，各房间按本室的需要调节本室的温度。

（3）按照制冷量分：

1）大型空调机组。如卧式组装淋水式，表冷式空调机组，应用于大车间、电影院等。

2）中型空调机组。如冷水机组和柜式空调机等，应用于小车间、机房、会场、餐厅等。

3）小型空调机组。如窗式、分体式空调器，用于办公室、家庭、招待所等。

（4）按新风量分：

1）直流式系统。空调器处理的空气为全新风，送到各房间进行热湿交换后全部排放到室外，没有回风管。这种系统的特点为使用条件好、能耗大、经济性差，用于有害气体产生的车间、实验室等。

2）闭式系统。为空调系统处理的空气全部再循环，不补充新风的系统。系统能耗小、卫生条件差、需要对空气中氧气再生备有二氧化碳吸收装置。如地下建筑、游艇的空调等。

3）混合式系统。空调处理的空气由回风和新风混合而成。它兼有直流式和闭式二者的共同优点，应用比较普遍，如宾馆、剧场等空调系统。

（5）按送风速度分：①高速系统主风道风速 20～30m/s；②低速系统主风道风速为 20m/s 以下。

11. 自动喷水灭火系统怎样分类？

答：由洒水喷头、报警阀组、水流报警装置（水流指示器或压力开关）等组件，以及管道、供水设施组成，并能在发生火灾时喷水的自动灭火系统。

（1）采用闭式洒水喷头的自动喷水灭火系统

1）湿式系统

准工作状态时配水管道内充满用于启动系统的有压水的闭式系统。

2）干式系统

准工作状态时配水管道内充满用于启动系统的有压气体的闭式系统。

3）预作用系统

准工作状态时配水管道内不充水，由火灾自动报警系统自动开启雨淋报警阀后，转换为湿式系统的闭式系统。

4）重复启闭预作用系统

能在扑灭火灾后自动关阀、复燃时再次开阀喷水的预作用系统。

（2）雨淋系统

由火灾自动报警系统或传动管控制，自动开启雨淋报警阀和启动供水泵后，向开式洒水喷头供水的自动喷水灭火系统。亦称开式系统。

（3）水幕系统

由开式洒水喷头或水幕喷头、雨淋报警阀组或感温雨淋阀，以及水流报警装置（水流指示器或压力开关）等组成，用于挡烟阻火和冷却分隔物的喷水系统。

（4）防火分隔水幕

密集喷洒形成水墙或水帘的水幕。

（5）防护冷却水幕

冷却防火卷帘等分隔物的水幕。

（6）自动喷水—泡沫联用系统

配置供给泡沫混合液的设备后，组成既可喷水又可喷泡沫的自动喷水灭火系统。

12. 智能化工程系统怎样分类？

答：智能化工程常见子系统包括：

1）消防报警系统；

2）闭路监控系统；

3）停车场管理系统；

4）楼宇自控系统；

5）背景音乐及紧急广播系统；

6）综合布线系统；

7）有线电视及卫星接收系统；

8）计算机网络、宽带接入及增值服务；

9）无线转发系统及无线对讲系统；

10）音视频系统；

11）水电气三表抄送系统；

12）物业管理系统；

13）大屏幕显示系统；

14）机房装修工程。

第三节 施工测量基本知识

1. 怎样使用水准仪进行工程测量？

答：使用水准仪进行工程测量的步骤包括安置仪器、粗略整平、瞄准目标、精平、读数等几个步骤。

（1）安置仪器

三脚架应安置在距离两个测站点大致等距离的位置，保证架头大致平行。打开三脚架调整至高度适中，将架脚伸缩螺栓拧紧，并保证脚架与地面有稳固连接。从仪器箱中取出水准仪置于

101

架头，用架头上的连接螺栓将仪器三脚架连接牢固。

（2）粗略整平

首先使物镜平行任意两个螺栓的连线；然后，两手同时向内和向外旋转调平螺栓，使气泡作用方向移至两个最先操作的调平螺栓连线中间；再用左手旋转顶部另外一只调平螺栓，使气泡居中。

（3）瞄准

首先将物镜对着明亮的背景，转动目镜调焦螺旋，调节到十字丝清楚。然后松开制动螺旋，利用粗瞄准器瞄准水准尺，拧紧水平制动螺旋。再调节物镜调焦螺旋，使水准尺分划清楚，调节水平微动螺旋，使十字丝的竖丝照准水准尺边缘或中央。

（4）精平

目视水准管气泡观察窗，同时调整微倾螺旋，使水准管气泡两端的影像重合，此时水准仪达到精平（自动安平水准仪不需要此步操作）。

（5）读数

眼睛通过目镜读取十字丝中丝水准尺上的读数，直接读米、分米、厘米，估读毫米共四位。

2. 怎样使用经纬仪进行工程测量？

答：经纬仪使用的步骤包括安置仪器、照准目标、读数等工作。

（1）经纬仪的安置

经纬仪的安置包括对中和整平两项工作。打开三脚架，调整好长度，使高度适中，将其安置在测站上，使架头大致水平，架顶中心大致对准站点中心标记。取出经纬仪放在经纬仪三脚架头上，旋紧连接螺旋。然后开始对中和整平工作。

1）对中

分为垂球对中和光学对中，光学对中的精度高，目前主要采用光学对中。分为粗对中和精对中两个步骤。

① 粗对中。目视光学对准器，调节光学对准器目镜使照准

圈和测站点目标清晰。双手紧握并移动三脚架使照准圈对准站点中心并保持三脚架稳定、架头基本水平。

② 精对中。旋转脚架螺旋使照准圈对准测站点的中心，光学对中的误差应小于 1mm。

2）整平

分为粗平和精平两个步骤。

① 粗平。伸长或缩短三脚架腿，使圆水准气泡居中。

② 精平。旋转照准部使水准器的位置与操作的两只螺旋平行，并旋转两只螺旋使水准管气泡居中；然后旋转照准部 90°使水准管与开始操作的两只螺旋呈垂直关系，旋转另外一只螺旋使气泡居中。如此反复，直至照准部旋转到任何位置，气泡均居中为止。

在完成上述工作后，再次进行精对中、精平。目视光学对准器，如照准圈偏离测站点的中心侧移量较小，则旋松连接螺旋，在架顶上平移仪器，使照准圈对准测站点中心，旋紧连接螺旋。精平仪器，直至照准部旋转至任何位置，气泡居中为止；如偏移量过大则应重新对中、整平仪器。

（2）照准

首先调节目镜，使十字丝清晰，通过瞄准器瞄准目标，然后拧紧制动螺旋，调节物镜调节螺旋使目标清楚并消除视差，利用微动螺旋精确照准目标的底部。

（3）读数

先打开度盘照明反光镜，调整反光镜，使读数窗亮度适中，旋转读数显微镜的目镜使度盘影像清楚，然后读数。DJ2 级光学经纬仪读数方式为首先转动测微轮，使读数窗中的主、副像分划线对合好，然后在读数窗中读出数值。

3. 怎样使用全站仪进行工程测量？

答：用全站仪进行建筑工程测量的操作步骤包括测前的准备工作、安置仪器、开机、角度测量、距离测量和放样。

（1）测前的准备工作

安装电池，检查电池的容量，确定电池电量充足。

（2）安置仪器

全站仪安置步骤如下：

1）安放三脚架，调整长度至高度适中，固定全站仪到三脚架上，架设仪器使测点在视场内，完成仪器安置。

2）移动三脚架，使光学对点器中心与测点重合，完成粗对中工作。

3）调节三脚架，使圆水准气泡居中，完成粗平工作。

4）调节脚螺旋，使长水准气泡居中，完成精平工作。

5）移动基座，精确对中，完成精对中工作；重复以上步骤直至完全对中、整平。

（3）开机

按开机键开机。按提示转动仪器望远镜一周显示基本测量屏幕。确认棱镜常数值和大气改正值。

（4）角度测量

仪器瞄准角度起始方向的目标，按键选择显示角度菜单屏幕（按置零键可以将水平角读数设置为 $0°00'00''$）；精确照准目标方向仪器即显示两个方向间水平夹角和垂直角。

（5）距离测量

按键选择进入斜距测量模式界面；照准棱镜中心，按测距键两次即可得到测量结果。按 ESC 键，清空测距值。按切换键，可将结果切换为平距、高差显示模式。

（6）放样

选择坐标数据文件。可进行测站坐标数据及后视坐标数据的调用；置测站点；置后视点，确定方位角；输入或调用待放样点坐标，开始放样。

4. 怎样使用测距仪进行工程测量？

答：用测距仪可以完成距离、面积体积等测量工作。

（1）距离测量

1）单一距离测量。按测量键，启动激光光束，再次按测量键，在一秒钟内显示测量结果。

2）连续距离测量。按住测量键两秒，可以启动连续距离测量模式。在连续测量期间，每 8～15 秒次的测量结果更新显示在结果行中，再次按测量键终止。

（2）面积测量

按面积功能键，激光光束切换为开。将测距仪瞄准目标，按测量键，将测得并显示所量物体的宽度，再按测量键，将测得物体的长度，且立即计算出面积，并将结果显示在结果行中。计算面积按所需的两端距离，显示在中间的结构行中。

5. 高程测设要点各有哪些？

答：已知高程的测设，就是根据一个已知高程的水准点，将另一点的设计高程测设到实地上。高程测设要点如下。

1）假设 A 点为已知高程水准点，B 点的设计高程为 H_B。

2）将水准仪安置在 A、B 两点之间，先在 A 点立水准尺，读得读数为 a，由此可以测得仪器视线高程为 $H_i = H_A + a$。

3）B 点在水准尺的读数确定。要使 B 点的设计高程为 H_B，则在 B 点的水准尺上的读数为 $b = H_i - H_B$。

4）确定 B 点设计高程的位置。将水准尺紧靠 B 桩，在其上、下移动水准尺子，当中丝读数正好为 b 时，则 B 尺底部高程即为要测设的高程 H_B。然后在 B 桩时沿 B 尺底部做记号，即得设计高程的位置。

5）确定 B 点的设计高程。将水准尺立于 B 桩顶上，若水准仪读数小于 b 时，逐渐将桩打入土中，使尺上读数逐渐增加到 b，这样 B 点桩顶的高程就是 H_B。

6. 已知水平距离的测设要点有哪些？

答：已知水平距离的测设，就是由地面已知点起，沿给定方向，测设出直线上另一点，使得两点的水平距离为设计的水平距离。

（1）钢尺测设法

以 A 点为地面上的已知点，D 为设计的水平距离，要在地面给定的方向测设出 B 点，使得 A、B 两点的水平距离等于 D。

1）将钢尺的零点对准地面上的已知的 A 点，沿给定方向拉平钢尺，在尺上读数为 D 处插测钎或吊垂球，以定出一点。

2）校核。将钢尺的零端移动 10～20cm，同法再测定一点。当两点相对误差在允许范围（1/3000～1/5000）内时，取其中点作为 B 点的位置。

（2）全站仪（测距仪）测设水平距离

将全站仪（测距仪）安置于 A 点，瞄准已知方向，观测人员指挥施棱镜人员沿仪器所指方向移动棱镜位置，当显示的水平距离等于待测设的水平距离时，在地面上标定出过渡点 B′，然后实测 AB′的水平距离，如果测得的水平距离与已知距离之差符合精度要求，应进行改正，直到测设的距离符合限差要求为止。

7. 已知水平角测设的一般方法的要点有哪些？

答：设 AB 为地面上的已知方向，顺时针方向测设一个已知的水平角 β，定出 AB 的方向。具体做法是：

（1）将经纬仪和全站仪安置在 A 点，用盘左瞄准 B 点，将水平盘设置为 0°，顺时针旋转照准部使读数为 β 值，在此视线上定出 C′点。

（2）然后用盘右位置按照上述步骤再测一次，定出 C″点。

（3）取 C′到 C″中点 C，则∠BAC 即为所需测设的水平角 β。

8. 怎样进行建筑的定位和放线？

答：（1）建筑物的定位

建筑物的定位是根据设计图纸的规定，将建筑物的外轮廓墙的各轴线交点即角点测设到地面上，作为基础放线和细部放线的依据。常用的建筑物定位方法有以下几种。

1）根据控制点定位。如果建筑物附近有控制点可供利用，可根据控制点和建筑物定位点设计坐标，采取极坐标法、角度交会法或距离交会法将建筑物测设到地面上。其中极坐标法用得较多。

2）根据建筑基线和建筑方格网定位。建筑场地已有建筑基线或建筑方格网时，可根据建筑基线或建筑方格网和建筑物定位点设计坐标，用直角坐标等方法将建筑物测设到地面上。

3）根据与原有建（构）筑物或道路的关系定位。当新建建筑物与原有建筑物或道路的相互位置关系为已知时，则可以根据已知条件的不同采用不同的方法将新建的建筑物测设到地面上。

（2）建筑物的放线

建筑物放线是根据已定位的外墙轴线交点桩，详细测设各轴线交点的位置，并引测至适宜位置做好标记。然后据此用白灰撒出基坑（槽）开挖边界线。

1）测设细部轴线交点。根据建筑物定位所确定的纵向两个边缘的定位轴线，以及横向两个边缘定位轴线确定四个角点就是建筑物的定位点，这四个角点已在地面上测设完毕。现欲测设次要轴线与主轴线的交点。可利用经纬仪加钢尺或全站仪定位等方法依次定出各次要轴线与主轴线的角点位置，并打入木桩钉好小钉。

2）引测轴线。基坑（槽）开挖时，所有定位点桩都会被挖掉，为了使开挖后各阶段施工能恢复各轴线位置，需要把建筑物各轴线延长到开挖范围以外的安全地点，并做好标志，成引测轴线。

① 龙门板法。在一般民用建筑中常用此法。

A. 在建筑物四角和之间隔墙的两侧开挖边线约 2m 处，钉设木桩，及龙门桩。龙门桩要铅直、牢固、桩的侧面应平行于基槽。

B. 根据水准控制点，用水准仪将±0.000（或某一固定标高值）标高测设在每个龙门桩外侧，并做好标志。

C. 沿龙门桩上±0.000（或某一固定标高值）标高线钉设水平的木板，即龙门板，应保证龙门板标高误差在规定范围内。

D. 用经纬仪或拉线方法将各轴线引测到龙门板顶面，并钉好小钉，即轴线钉。

E. 用钢尺沿龙门板顶面检查轴线钉的间距，误差应符合有关规范的要求。

② 轴线控制桩法。龙门板法占地大，使用材料较多，施工时易被破坏。目前工程中多采用轴线控制桩法。轴线控制桩一般设在轴线延长线上距开挖边线 4m 以外的地方，牢固地埋设在地下，也可把轴线投测到附近的建筑物上，做好标志，代替轴线控制桩。

第四节　抽样统计分析的基本知识

1. 什么是总体、样本、统计量？

答：（1）总体

总体是工作对象的全体，如果要对某种规格的构件进行检测，则总体就是这批构件的全部。总体是由若干个个体组成的，因此，个体是组成总体的元素。对待不同的检测对象，所采集的数据也各不相同，应当采集具有控制意义的质量数据。通常把从单个产品采集到的数据视为个体，而把该产品的全部质量数据的集合视为总体。

（2）样本

样本是由样品构成的，是从总体中抽取出来的个体。通过对样本的检测，可以对整批产品的性质作出推断性评价，由于存在随机性因素的影响，这种推断性评价往往会有一定的误差。为了把这种误差控制在允许的范围内，通常要设计出合理的抽样手段。

（3）统计量

统计量是根据具体的统计要求，结合对总体的统计期望进行的推断。由于工作对象的已知条件各有所不同，为了能够比较客观、广泛地解决实际问题，使统计结果更为可信，需要研究和设定一些常用的随机变量，这些统计量都是样本的函数，它们的概率密度的解析式比较复杂。

2. 工程验收抽样的方法有哪几种？

答：通常是利用数理统计的基本原理，在产品的生产过程中或一批产品中随机地抽取样本，并对抽取的样本进行检测和评价，从中获取样本的质量数据信息。以获取的信息为依据，通过统计的手段对总体的质量情况作出分析和判断。工程验收抽样的流程如下：

从生产过程（一批产品）中随机抽样→产生样本→检测、整理样本数据→对样本质量进行评价→经过推断、分析和评价产品或样本的总体质量。

3. 怎样进行质量检测试样取样？检测报告生效的条件是什么？检测结果有争议时怎样处理？

答：（1）质量检测试样取样

质量检查试样的取样应在建设单位或者工程监理单位监督下现场取样。提供质量检验试样的单位和个人，应当对试样的真实性负责。

1）见证人员。应由建设单位或者工程监理单位具备试验知识的工程技术人员担任，并应由建设单位或该工程的监理单位书面通知施工单位、检测单位和负责该工程的质量监督机构。

2）见证取样和送检。在施工过程中，见证人员应当按照见证取样和送检计划，对施工现场的取样和送检进行见证，取样人员应在试样或其包装上作出标识、标志。标识和标志要标明工程名称、取样部位、取样日期、取样名称和样品数量，并由见证人员和取样人员签字。见证人员应制作见证记录，并将见证记录归入施工技术档案。涉及结构安全的试块、试件和材料见证取样和送检比例不得低于有关技术标准中应取样品数量的30%的规定。

见证人员和取样人员应对试样代表性和真实性负责。见证取样的试块、试件和材料送检时，应由送检单位填写委托书，委托单应有见证人员和送检人员签字。检测单位应检查委托单及试样上的标识和标志，确认无误后方可进行检测。

（2）检测报告生效

检测报告生效的条件是：检测报告经检测人员签字、检测机构法定代表人或者其授权的签字人签署，并加盖检测机构公章或检测专用章后方可生效。检测报告经建设单位或监理单位确认后，由施工单位归档。

（3）检测结果争议的处理

检测结果利害关系人对检测结果有争议时，由双方共同认可的检测机构复检，复检结果由提出复检方报当地建设主管部门备案。

4. 常用的施工质量数据收集的基本方法有哪几种？

答：质量数据的收集方法主要有全数检验和随机抽样检验两种方式，在工程中大多采用随机抽样的检验方法。

（1）全数检验

这是一种对总体中的全部个体进行逐个检测，并对所获取的数据进行统计和分析，进而获得质量评价结论的方法。全数检验的最大优势是质量数据全面、丰富，可以获取可靠的评价结论。但是在采集数据的过程中要消耗很多人力、物力和财力，需要的时间也较长。如果总体的数量较少，检测的项目比较重要，而且检测方法不会对产品造成破坏时，可以采取这种方法；反之，对总体数量较大，检测时间较长，或会对产品产生破坏作用时，就不宜采用这种评价方法。

（2）随机抽样检验

这是一种按照随机抽样的原则，从整体中抽取部分个体组成样本，并对其进行检测，根据检测的评价结果来推断总体质量状况的方法。随机抽样的方法具有省时、省力、省钱的优势，可以适应产品生产过程中及破坏性检测的要求，具有较好的可操作性。随机抽样的方法主要有以下几种：

1）完全随机抽样。这是一种简单的抽样方法，是对总体中的所有个体进行随机获取样本的方法。即不对总体进行任何加工，而对所有个体进行事先编号，然后采用客观形势（如抽签、摇号）确定中选的个体，并以其为样本进行检测。

2）等距随机抽样。这是一种机械、系统的抽样方法，是对总体中的所有个体按照某一规律进行系统排列、编号，然后均分为若干组，这时每组有 $K=N/n$ 个个体，并在第一组抽取第一件样品，然后每隔一定间距抽取出其余样品最终组成样本的方法。

3）分层抽样。这是一种把总体按照研究目的的某些特性分组，然后在每一组中随机抽取样品组成样本的方法。由于分层抽样要求对每一组都要抽取样品，因此可以保证样品在总体分布中均匀，具有代表性，适合于总体比较复杂的情况。

4）整体抽样。这是一种把总体按照自然状态分为若干组群，并在其中抽取一定数量试件成样品，然后进行检测的方法。这种办法样品相对集中，可能会存在分布不均匀、代表性差的问题，在实际操作时，需要注意生产周期的变化规律，避免样品抽取的误差。

5）多阶段抽样。这是一种把单阶段抽样（完全随机抽样、等距抽样、分层抽样、整体抽样的统称）综合运用的方法。适合在总体很大的情况下应用。通过在产品不同试车阶段多层随机抽样，多次评价得出数据，使评价的结果更为客观、准确。

5. 建设工程专项质量检测、见证取样检测内容有哪些？

答：建设工程质量检测是工程质量检测机构接受委托，根据国家有关法律、法规和工程建设强制性标准，对涉及结构安全项目的抽样检测和对施工现场的建筑材料、构配件的见证取样检测。

（1）专项检测的业务内容

专项检测的业务内容包括：地基基础工程检测、主体结构工程现场检测、建筑幕墙工程检测、钢结构工程检测。

（2）见证取样检测的业务内容

见证取样检测的业务内容包括：水泥物理力学性能检验；钢筋（含焊接与机械连接）力学性能检验；砂、石常规检验；混凝土、砂浆强度检验；简易土工试验；混凝土掺加剂检验；预应力钢绞线、锚具及夹具检验；沥青混合料检验。

6. 常用施工质量数据统计分析的基本方法有哪几种？

答：常用施工质量数据统计分析的基本方法有：排列图、因果分析图、直方图、控制图、散布图和分层法等。

（1）排列图

排列图又称为帕累托图，是用来寻找影响产品质量主要因素的一种方法。

1）排列图的作图步骤

① 收集一定时间内的质量数据。

② 按影响质量因素确定排列图的分类，一般可按不合格产品的项目、产品种类、作业班组、质量事故造成的经济损失来分。

③ 统计各项目的数据、即频数、计算频率、累计频率。

④ 画出左右两条纵坐标，确定两条纵坐标的适当刻度和比例。

⑤ 根据各种影响因素发生的频数多少，从左向右排列在横坐标上，各种影响因素在横坐标上的宽度要相等。

⑥ 根据纵坐标的刻度和各种影响因素的发生频数，画出相应的矩形图。

⑦ 根据步骤③中计算的累计频率按每个影响因素分别标注在相应的坐标点上，将各点连成曲线。

⑧ 在图面的适当位置，标注排列图的标题。

2）排列图的分析

排列图中矩形柱高度表示影响程度的大小。观察排列图寻找主次因素时，主要看矩形柱高矮这个因素。一般确定主次因素可利用帕累托曲线，将累计百分数分为三类：累计百分数在0％～80％的为A类，在此区域内的因素为主要影响因素，应重点加以解决；累计百分数在80％～90％的为B类，在此区域内的因素为次要因素，可按常规进行管理；累计百分数在90％～100％的为C类，在此区域的因素为一般因素。

3）应用

图2-1是某项某一时间段内的无效工排列图，从图中可见：开会学习占610工时、停电占354工时、停水占236工时、气候影响占204工时、机械故障占54工时。前两项累计频率61.0％，是无效工的主要原因；停水是次要因素，气候影响、机械故障是一般因素。

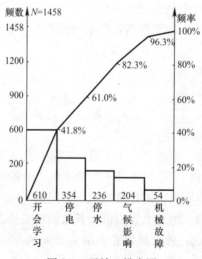

图2-1　无效工排序图

（2）因果分析图

因果分析图是一种逐步深入研究和讨论质量问题的图示方法。

因果分析图由若干枝干组成，枝干分为大枝、中枝、小枝和细枝，它们分别代表大小小不同的原因。

因果图的作图步骤如下：

113

1）确定需要分析的质量特性（或结果），画出主干线，即从左向右的带箭头的线。

2）分析、确定影响质量特性的大枝（大原因）、中枝（中原因）、小枝（小原因）、细枝（更小原因），并顺序用箭头逐个标注在图上。

3）逐步分析，找出关键性的原因并作出记号或用文字加以说明。

4）制定对策、限期改正。

（3）直方图

直方图是反映产品质量数据分布状态和波动规律的图表。

1）直方图的作图步骤

① 收集数据，一般数据的数量用 N 表示。

② 找出数据中的最大值和最小值。

③ 计算极差，即全部数据的最大值和最小值之差：

$$R = X_{max} - X_{min}$$

④ 确定组数 K。

⑤ 计算组距 h：

$$h = R/K$$

⑥ 确定分组组界：

首先计算第一组的上、下界限值：第一组下界值＝$X_{min} - h/2$，第一组上界值＝$X_{min} + h/2$。然后计算其余各组的上、下界限值。第一组的上界限值就是第二组下界限值，第二组的下界限值加上组距就是第二组的上界限值，其余依次类推。

⑦ 整理数据，做出频数表，用 f_i 表示每组的频数。

⑧ 画直方图。直方图是一张坐标图，横坐标取分组的组界值，纵坐标取各组的频数。找出纵横坐标上点的分布情况，用直线连起来即成直方图。

2）直方图图形分析

通过观察直方图的形状，可以判断生产的质量情况，从而采取必要的措施，预防不合格品的产生。

第三章　岗位知识

第一节　安全管理相关的管理规定和标准

1. 施工单位全生产责任制有哪些规定？

答：（1）施工单位主要负责人对安全生产工作全面负责。建筑安装工程企业的法定代表人对本企业的安全生产负责。施工单位主要负责人依法对本单位的安全生产工作全面负责。

（2）要保证本单位安全生产条件所需的资金投入。施工单位列入建设工程概算的安全作业环境及安全施工措施所需费用，应当用于施工安全防护用具及设施的采购和更新、安全施工措施的落实、安全生产条件的改善，不得挪作他用。

（3）施工单位安全生产管理机构和专职安全生产管理人员负专责。专职安全管理人员负责对安全生产进行现场监督检查。风险安全事故隐患，应及时向项目负责人和安全生产管理机构报告，对违章指挥、违章操作的，应当立即制止。

2. 项目经理部全生产责任制有哪些规定？

答：（1）项目负责人对建设工程项目的安全施工负责。施工单位的项目负责人应当由取得相应专业资格的人员担任。

（2）项目负责人对建设工程项目的安全施工负责，落实安全生产责任制度、安全生产规章制度和操作规程，确保安全生产费用的有效合理使用，并根据工程的特点组织制定安全施工措施，消除安全事故隐患，及时、如实地报告安全生产事故。

（3）建设安装工程施工前，施工单位负责项目管理的技术人员应及时有关安全施工的技术要求向施工作业班组、作业人员作出详细说明，并由双方签字确认。

3. 总分包单位安全生产责任制有哪些规定？

答：（1）施工现场安全应由建筑施工企业负责，实行总承包的由总承包单位负责，分包单位向总包单位负责，服从总包单位对施工现场的安全生产管理。

（2）总承包单位依法将建设工程分包给其他单位的，分包合同应当明确各自在安全生产方面的权利、义务。实行施工总承包的，由总承包单位统一组织编制建设工程生产安全事故应急救援预案，工程总承包单位和分包单位按照紧急救援预案，各自建立紧急援救组织或者配备紧急救援人员，配备援救器材、设备，并定期组织演练。实行施工总承包的建设工程，由总承包单位负责上报事故。总承包单位和分包单位对分包工程的安全生产承担连带责任。分包单位应当服从总包单位的安全生产管理，分包单位不服从管理导致生产安全事故的，由分包单位负责。

4. 施工现场领导带班制度是怎样规定的？

答：建筑施工企业负责人是指企业的法定代表人、总经理、主管质量安全和生产工作的副总经理、总工程师和副总工程师。项目负责人是指工程项目的项目经理。施工现场是指进行房屋建筑或市政工程施工作业活动的场所。

《国务院关于进一步加强企业安全生产工作的通知》（国发〔2010〕23 号）中规定，强化生产过程管理的领导责任，企业主要负责人和领导班子成员要轮流现场带班。发生事故而没有现场带班的，对企业给予规定上限的经济处罚，并依法从重追究企业主要负责人的责任。《国务院关于坚持科学发展安全发展促进安全生产形势持续稳定好转的意见》中规定，企业主要负责人、实际控制人要切实承担安全生产第一责任人的责任，带头执行现场带班制度，加强现场安全管理。

住房城乡建设部《建筑施工企业负责人及项目负责人施工现

场带班暂行办法》（建质〔2011〕111号）进一步规定，建筑施工企业应当建立企业负责人及项目负责人施工现场带班制度，应严格考核。施工现场带班包括企业负责人带班检查和项目负责人带班生产，企业负责人带班检查是指建筑企业负责人带队对工程项目实施质量安全生产状况及项目负责人带班生产情况的检查。项目负责人带班生产是指项目负责人在施工现场组织协调工程项目的质量安全生产活动。

建筑安装工程施工企业负责人要定期带班检查，每月检查时间不少于其工作日的25％。建筑企业负责人检查时应做好记录，并分别在企业和工程项目存档备查。工程项目进行超过一定规模的危险性较大的分部分项工程施工时，建筑施工企业负责人应到施工现场带班检查。对于有分公司（非独立法人）的企业集团，集团负责人因故不能到现场的，可书面委托工程所在地的分公司负责人对施工现场进行带班检查。工程项目出现险情和发生重大隐患时，建筑施工企业负责人应到施工现场带班检查，督促工程项目进行整改，及时消除险情和隐患。

项目负责人在同一时期内只能承担一个项目的管理工作。项目负责人带班生产是要全面掌握工程项目质量安全生产状况，加强对重点部位、关键环节的控制，及时消除隐患。要认真做好带班生产记录并签字存档备查。项目负责人每月带班生产时间不得少于本月施工时间的80％。因其他事务需要离开施工现场时，应向工程项目的建设单位请假，经批准后方可离开，离开期间应委托项目相关负责人负责其外出时的日常工作。

5. 建筑安装施工企业安全生产管理机构的职责有哪些？对企业专职安全生产管理人员的配备有什么规定？

答：（1）施工企业安全生产管理机构的职责

建筑安装施工企业安全生产管理机构是指建筑施工企业设置的负责安全生产管理工作的独立职能部门。

1）宣传和贯彻国家有关安全生产法律法规和标准；

2）编制并适时更新安全生产管理制度并监督实施；

3）组织或参与企业生产安全事故应急救援预案的编制以演练；

4）组织开展安全教育培训与交流；

5）协调配备项目专职安全生产管理人员；

6）预订企业安全生产检查计划并组织实施；

7）监督在建项目安全生产费用的使用情况；

8）参与危险性较大工程安全专项施工方案专家论证会；

9）通报在建项目违规违章查处情况；

10）组织开展安全生产评优评先表彰工作；

11）监理企业在建项目安全生产管理档案；

12）考核评价分包企业安全生产业绩及项目安全生产管理情况；

13）参加生产期间事故的调查和处理工作；

14）企业明确的其他安全生产管理职责。

（2）施工企业安全生产管理机构专职安全生产管理人员的配备

1）建筑施工总承包资质序列企业：特级资质不少于 6 人；一级资质不少于 4 人；二级和二级以下资质企业不少于 3 人。

2）建筑工程专业承包资质序列企业：一级资质不少于 3 人；二级和二级以下企业不少于 2 人。

3）建筑劳务分包资质序列企业：不少于 2 人。

4）建筑施工企业的分公司、区域公司等较大的分支机构应根据实际生产情况配备不少于 2 人的专职安全生产管理人员。

6. 建设工程项目安全生产领导小组和专职安全生产管理人员的职责有哪些?

答：（1）安全生产领导小组的主要职责

1）贯彻落实国家有关安全生产法律法规和标准；

2）组织制定项目安全生产管理制度并监督实施；

3）编制项目安全生产事故应急预案并组织演练；

4）保证项目安全生产费用的有效使用；

5）组织编制危险性较大的工程安全专项施工方案；

6）开展项目安全教育培训；

7）组织实施项目安全检查和隐患排查；

8）建立项目安全生产管理档案；

9）及时、如实报告安全生产事故。

（2）企业专职安全生产管理人员在现场检查过程中的职责

1）查阅在建项目有关安全生产相关资料；

2）查阅危险性较大工程安全专项施工方案落实情况；

3）监督项目专职安全生产管理人员履职尽责情况；

4）阶段作业人员安全防护用品的配备及使用情况；

5）对发现的安全生产违章行为或隐患，有权当场予以纠正或作出处理决定；

6）对不符合安全生产条件的设施、设备、器材，有权当场作出查封的处理决定；

7）对施工现场存在的重大安全隐患有权越级报告或直接向建设行政主管部门报告；

8）企业明确的其他安全管理职责。

7. 专职安全生产管理人员的职责有哪些？

答：专职安全生产管理人员是指经建设主管部门或者其他有关部门安全生产考核合格取得安全生产许可证书，并在建筑安装工程施工企业及其项目从事安全生产管理工作的专职人员。

专职安全生产管理人员的职责：

1）负责施工现场安全生产日常检查并做好检查记录；

2）现场监督危险性较大工程安全专项施工方案实施情况；

3）对作业人员违规违章行为有权予以纠正或查处；

4）对施工现场存在的安全隐患有权责令立即整改；

5）对于发现的重大安全隐患，有权向企业安全生产管理机构报告；

6）依法报告安全生产情况。

8. 施工安全生产许可证的管理有哪些方面的规定？

答：国家《安全生产许可证条例》规定，国家对矿山企业、建筑施工企业和危险化学品、烟花爆竹、民用爆破器材生产企业实行安全生产许可制度。

施工安全生产许可证的管理方面的规定包括：

（1）建筑安装工程施工企业申办安全生产许可证应具备的条件。

1）建立、健全安全生产责任制，制定完备的安全生产规章制度和操作规程；

2）保证本单位安全生产条件所需的资金的投入；

3）设置安全生产管理机构，按照国家有关规定配备专职安全生产管理人员；

4）主要负责人、项目负责人、专职安全生产管理人员经建设主管部门或其他部门考核合格；

5）特种作业人员经有关业务主管部门考核合格，取得特种作业操作资格证书；

6）管理人员和作业人员每年至少进行一次安全生产教育培训并考核合格；

7）依法参加工伤保险，依法为施工现场从事危险作业的人员办理意外伤害保险，为从业人员缴纳保险费；

8）施工现场的办公、生活区及作业场所和安全防护用具、机械设备、施工机具及配件符合有关安全生产法律、法规、标准和规程的要求；

9）有职业危害防治措施，并为作业人员配备符合国家标准或行业标准的安全防护用具和安全防护服装；

10）有对危险性较大的分部分项工程及施工现场易发生重大事故的部位、环节的预防、监控措施和应急预案；

11）有生产事故应急救援预案、应急救援组织或者应急救援人员，配备必要的应急救援器材、设备；

12）法律、法规规定的其他条件。

（2）安全生产许可证的领取：

1）中央管理的建筑安装工程施工企业（集团公司、总公司）向国务院建设行政主管部门申请领取安全生产许可证；其他建筑安装工程施工企业，包括中央管理的施工企业下属的建筑施工企业，向企业注册地所在的省、自治区、直辖市人民政府建设主管部门申请领取安全生产许可证。

2）建筑安装施工企业申请安全生产许可证时，应当向建设主管部门提供下列材料：

①建筑安装施工企业安全生产许可证申请表；②企业法人营业执照；③与申请安全生产许可证应当具备的安全生产条件相关的文件、材料。

（3）安全生产许可证的有效期和暂扣安全生产许可证的规定。

安全生产许可证的有效期为3年，安全生产许可证有效期满需要延期的，企业应当于期满前3个月向原安全生产许可证颁发管理机关办理延期手续。企业在安全生产许可证有有效期内，严格遵守有关安全生产的法律、法规，未发生死亡事故的，安全生产许可证有效期届满时，经原安全生产许可证颁发管理机构同意，不再审核，安全生产许可证有效期延期3年。

9. 建筑安装工程施工企业主要负责人安全生产考核的规定有哪些内容？

答：（1）安全生产知识考核的内容

1）国家有关安全生产的方针、政策、法律法规、部门规章、标准及有关规范性文件，本地区有关安全生产的法规、规章、标准及规范性文件；

2）建筑设备安装施工企业安全生产管理的基本知识和相关专业知识；

3）重特大事故防范、应急救援措施，报告制度及调查处理方法；

4）企业安全生产责任制和安全生产规章制度的内容、制定方法；

5）国内外安全生产管理检验；

6）典型事故案例分析。

（2）安全生产管理能力考核要点

1）能认真贯彻国家有关安全生产的方针、政策、法律法规、部门规章、标准；

2）能有效组织本单位安全生产工作、建立健全本单位安全生产责任制；

3）能组织制定本单位安全生产管理规章制度和操作规程；

4）能采取有效的措施保证本单位安全生产所需的资金投入；

5）能有效地开展安全生产检查、及时清除安全生产事故隐患；

6）能组织制定本单位的安全生产事故应急救援预案，正确组织指挥本单位事故应急救援工作；

7）能及时、如实地报告生产安全事故；

8）安全生产业绩：自考核之日起，所在企业一年内未发生由其承担主要责任的死亡10人以上（含10人）的重大事故。

10. 建筑设备安装施工企业项目负责人安全生产考核的规定有哪些内容？

答：（1）安全生产知识考核的内容

1）国家有关安全生产的方针、政策、法律法规、部门规章、标准及有关规范性文件，本地区有关安全生产的法规、规章、标准及规范性文件；

2）工程项目安全生产管理的基本知识和相关专业知识；

3）重大事故防范、应急救援措施，报告制度及调查处理方法；

4）企业和项目安全生产责任制和安全生产规章制度内容、

制定方法；

5）施工现场安全生产监督检查的内容和方法；

6）国内外安全生产管理经验；

7）典型事故案例分析。

（2）安全生产管理能力考核要点

1）能认真贯彻执行国家安全生产方针、政策、法规和标准；

2）能有效地组织监督本工程安全生产工作，落实安全生产责任制；

3）能保证安全生产费用的有效使用；

4）能根据工程的特点组织制定安全施工措施；

5）能有效地开展安全生产检查，及时消除生产安全事故隐患；

6）能及时、如实地报告安全生产事故；

7）安全生产业绩：自考核之日起，所管理的项目一年内为发生由其承担主要责任的死亡事故。

11. 专职安全生产管理人员安全生产考核的规定有哪些内容？

答：（1）安全生产知识考核的内容

1）国家有关安全生产的方针、政策、法律法规、部门规章、标准及有关规范性文件，本地区有关安全生产的法规、规章、标准及规范性文件；

2）重大事故防范、应急救援措施、报告制度、调查处理方法以及防护救护方法；

3）企业和项目安全生产责任制和安全生产规章制度；

4）建筑设备安装施工现场安全监督检查的内容和方法；

5）典型事故案例分析。

（2）安全生产管理能力考核要点

1）能认真贯彻执行国家安全生产方针、政策、法规和标准；

2）能有效地对安全生产进行现场监督检查；

3）发现审查安全事故隐患，能及时向项目负责和安全生产管理机构报告，及时消除生产安全事故隐患；

4）能及时制止现场违章指挥、违章操作行为；

5）能及时如实报告生产安全事故；

6）安全生产业绩：自考核之日起，所在企业或项目一年内未发生由其承担主要责任的死亡事故。

12. 建筑安装施工企业电工管理的规定有哪些？

答：建筑安装施工电工作业属于特种作业；建筑电工必须经建设行政主管部门考核合格，取得建筑施工特种作业人员操作资格证书，方可上岗从事相应作业。

（1）建筑电工的考核发证

建筑电工上岗操作证发证工作，由省、自治区、直辖市人民政府建设主管部门或其委托的考核发证机构负责组织实施。

申请从事建筑安装施工工程电工作业人员应当具备下列条件：

1）年满18岁且符合相关工种规定的年龄要求；

2）经医院体检合格且无妨碍从事相应特种作业疾病和生理缺陷；

3）初中及以上学历；

4）符合相应特种作业需要的其他条件。

（2）建筑安装施工特种作业操作范围

建筑电工作业操作范围：在建筑施工现场从事临时用电作业。

（3）建筑电工的从业要求

有资格证书的人员，已经受聘于建筑安装工程施工企业方可从事相应的电工作业。

用人单位对首次取得资格证书的人员，应当在其正式上岗前安排不少于3个月的实习操作。建筑电工应当严格按照安全技术标准、规范和规程进行作业，正确佩戴和使用安全防护用品，并按规定对作业工具进行维护保养。建筑电工应当参加年度安全继续培训或继续教育，每年不得少于24学时。

13. 怎样制定建筑安装工程施工的安全技术措施？

答：《建筑法》规定，建筑安装施工工程施工企业编制施工组织设计时，应当根据建筑安装工程的特点制定相应的安全技术措施；对于专业性较强的工程项目，应当编制专项安全施工组织设计，并采取安全技术措施。施工单位应当按照《建设工程安全生产管理条例》的规定，在施工组织设计中编制安全技术措施和施工现场临时用电方案。

安全技术措施可分为防止安全事故发生的安全技术措施和减少事故损失的安全技术措施。它通常包括外用电梯、井架以及塔吊等垂直运输机具的拉结要求及防倒塌措施；安全用电和机电防短路、防触电的措施；有毒有害、易燃易爆作业的技术措施；施工现场周围通行道路及居民防护隔离等措施。

14. 怎样制定施工安全技术专项施工方案？

答：《建设工程安全生产管理条例》规定，对下列达到一定规模的危险性较大的分部分项工程编制专项施工方案，并附具安全验算结果，经施工单位负责人、总监理工程师签字后实施，由专职安全生产管理人员进行现场监督。

建筑安装工程施工企业专业工程技术人员编制的安全专项施工方案，由施工企业负责人及监理单位专业监理工程师进行审核，审核合格，由施工企业技术负责人、监理单位总监理工程师签字。

15. 危险性较大的分部分项工程安全专项施工方案的作用、编制及包含的内容各有哪些？

答：建设单位在申请领取施工许可证或办理安全监督手续时，应当提供危险性较大的分部分项工程清单和安全管理措施。建筑安装施工单位、监理单位应当建立危险性较大的分部分项工程安全管理制度。

建筑安装施工单位应当在危险性较大的分部分项工程施工前

编制专项方案；对于超过一定规模的危险性较大的分部分项工程，建筑安装施工单位应当组织专家对专项方案进行论证。专项方案编制应当包括以下内容：

1）工程概况：危险性较大的分部分项工程概况、施工平面布置、施工要求和施工技术保证条件。

2）编制依据：相关法律、法规、规范性文件、标准、规范及图纸（国标图集）、施工组织设计等。

3）施工计划。包括施工进度计划、材料与设备计划。

4）施工工艺技术：技术参数、工艺流程、施工方法、检查验收等。

5）施工安全保证措施：组织保障、技术措施、应急预案、监测监控等。

6）劳动力计划：专职安全生产管理人员、特种作业人员等。

7）计算书及相关图纸。

16. 法定的施工安全技术标准是怎样分类的？

答：按照《中华人民共和国标准化法》的规定，我国的标准分为国家标准、行业标准、地方标准。国家标准、行业标准又可分为强制性标准和推荐性标准。保障人体健康，人身、财产安全的标准和法律、行政法规规定强制执行的标准是强制性标准，其他标准是推荐性标准。强制性标准一经公布，必须贯彻执行，否则造成恶劣后果和重大损失的单位和个人，应受到经济制裁或承担法律责任。

（1）对需要在全国范围内统一的下列技术要求，应当制定国家标准：

1）工程建设勘察、规划、设计、施工（包括安装）及验收等通用的质量要求；

2）工程建设通用的有关安全、卫生和环境保护的技术要求；

3）工程建设通用的术语、符号、代号、量与单位、建筑模数和制图方法；

4）工程建设通用的试验、检验和评定等方法；

5）工程建设通用的技术要求；

6）国家需要控制的其他建设工程通用的技术要求。

（2）对于没有国家标准而需要在全国某个行业范围内统一的下列技术要求，可以制定行业标准：

1）工程建设勘察、规划、设计、施工（包括安装）及验收等行业专用的质量要求；

2）工程建设行业通用的有关安全、卫生和环境保护的技术要求；

3）工程建设行业专用的术语、符号、代号、量与单位和制图方法；

4）工程建设行业专用的试验、检验和评定的方法；

5）工程建设行业专用的信息技术要求；

6）其他工程建设行业专用的技术要求。

行业标准不得与国家标准相抵触。行业标准的某些规定与国家标准不一致时，必须有充分的科学依据和理由，并经国家标准的审批部门审批。

（3）对于没有国家标准、行业标准或国家标准、行业标准规定不具体，且需要在本行政区域内作出统一规定的工程建设技术要求，可制定相应的工程建设地方标准。工程建设地方标准在省、自治区、直辖市范围内由省、自治区、直辖市建设行政主管部门统一计划、统一审批、统一发布、统一管理。工程建设地方标准不得与国家标准、行业标准相抵触。反之，应当自行废止。工程建设地方标准应报国务院建设行政主管部门备案，未经备案的工程建设地方标准，不得在建设活动中使用。

（4）工程建设企业标准一般包括企业的技术标准、管理标准和工作标准。企业技术标准是指对本企业范围内需要协调和统一的技术要求所制定的标准。对已有国家标准、行业标准或地方标准的，企业可以按照上述标准执行，也可以根据本企业的技术特点和实际需要制定优于国家标准、行业标准和地方标准的企业标准。国家鼓励企业采用国际先进标准、国外先进标准。

17. 高处作业安全技术规范的一般要求有哪些主要内容?

答：高处作业是指在一般工业与民用建筑及构筑物高处的临边、洞口、攀登、悬空、操作平台及交叉等作业。高处作业安全技术规范的一般要求包括：

（1）高处作业安全技术措施及所需料具，必须列入工程的施工组织设计。

（2）单位工程的施工负责人应对工程的高处作业安全技术负责并建立相应的责任制。施工前，应逐级进行安全技术教育及交底，落实所有的安全技术措施和防护用品，未落实时不得施工。

（3）高处作业的安全标志、工具、仪表、电气设施和各种设备必须在施工前加以检查，确认其完好，方能投入使用。

（4）攀登和悬空高处作业人员及搭设高处作业安全设施的人员，必须经过专业技术培训及专业考试合格，持证上岗，并必须定期进行体格检查。

（5）施工中对高处作业的安全技术设施，发现有缺陷和隐患时，必须及时解决，危及人身安全时，必须停止作业。施工场所所坠落的物件，应一律先撤除或加以固定。高处作业所用的物料，均应堆放平稳，不妨碍通行和装卸。工具应随手放入工具袋，作业中的通道、走道和登高用具，应随时清扫干净；拆卸下的物件及余料和废料均应及时清运，不得任意乱置和向下丢弃，传递物件禁止抛掷。

（6）雨天和雪天进行高处作业时，必须采取可靠的防滑、防寒和防冻措施。凡水、冰、霜、雪均应清除。对于高处作业的高耸建筑物，应事先设置避雷设施。遇六级（含六级）以上强风、浓雾等恶劣天气，不得进行露天攀登与悬空高处作业。暴风雪及台风暴雨后，应对高处作业安全设施逐一加以检查，发现有松动、变形、损坏或脱落等现象，应立即修理完善。因作业需要，临时拆除或变动安全设施时，必须经施工负责人同意，并采取相应的可靠措施，作业后应立即恢复。防护棚搭设与拆除时，应设警戒区，并应派专人监护。严禁上下同时拆除。

（7）建筑安装工程施工进行高处作业之前，应进行安全防护设施的逐项检查验收。验收合格后方可进行高处作业。验收可以采取分层验收、分段验收。安全防护设施应由施工单位负责人验收，并组织有关人员参加。安全防护设施应按类别逐项查验，并作出验收记录。凡不符合规定者，必须修正合格后再行查验。施工工期内还应定期进行抽查。

（8）安装管道时必须有已完结构或操作平台为立足点，严禁在安装中的管道上站立和行走。

18. 施工用电安全技术规范的一般要求有哪些主要内容？

答：（1）建设施工现场临时用电工程专用的电源中性点直接接地的220/380V三相四线制低压电力系统，必须符合下列规定。

1）采用三级配电系统；

2）采用TN-S接零保护系统；

3）采用二级漏电保护系统。

（2）施工临时用电设备在5台以上或设备总容量在50kW以上者，应编制用电组织设计。临时用电工程图纸应单独绘制，临时用电工程应按图施工。临时用电组织设计及变更时，必须履行"编制、审核、批准"程序，由电气工程技术人员组织编制，经相关部门审核及具有法人资格企业的技术负责人批准后实施。

（3）电工必须经国家现行标准考核合格后，持证上岗工作；其他用电人员也必须通过相关安全教育培训和技术交底，考核合格后方可上岗。安装、巡检、维修或拆除临时用电设备或线路，必须由电工完成，并应有人监护。

（4）在建工程的安装工程施工不得在外电架空线路正下方施工、搭设作业棚、建造生活设施或堆放构件、架具、材料及其他杂物等。施工现场开挖沟槽边缘与外电埋地电缆之间的距离不得小于0.5m。电气设备现场周围不得堆放易燃易爆物，污染源和腐蚀介质，否则应予清除或做防护处置，其防护等级必须与环境条件相适应。电气设备设置场所应能避免物体打击和机械损伤，否则应予清除或做防护处置。

(5) 当施工现场与外电线路共用一个系统时，电气设备的接地、接零保护应与原系统保持一致，不得一部分设备做保护接零，另一部分设备做保护接地。施工现场的临时用电电力系统严禁利用大地做相线或零线。保护零线必须采用绝缘导线。

(6) 施工场地内的起重机、井架、龙门架等机械设备，以及钢脚手架和正在施工的金属结构，当在相邻建筑物、构筑物等设施的防雷装置接闪器的保护范围以外时，应按规定安装防雷装置。若最高机械设备上避雷针（接闪器）的保护范围能覆盖其他设备，且又最后退出现场，则其他设备可不设避雷装置。机械设备或设施的防雷引下线可利用该设备或设施的金属结构体，但应保证电气连接。

(7) 配电室应靠近电源，并应设在灰尘少、潮气少、振动小、无腐蚀介质、无易燃易爆物及道路通畅的地方。配电室和控制室应能自然通风。并采取防止雨雪侵入和动物进入的措施。停电和送电必须由专人负责。

(8) 发电机组及其控制、配电及其修理室等可分开设置；在保证电气安全距离和满足防火要求的情况下合并设置。发电机组及控制、配电室内必须设置可用于扑灭电气火灾的灭火器，严禁存放储油罐。

(9) 架空线必须用绝缘导线。架空线必须架设在专用电杆上，严禁架设在树木、脚手架及其他设施上。电缆中必须包含全部工作芯线和用作保护零线或保护线的芯线。在建设工程内的电缆线路必须采用电缆埋地引入，严禁穿越脚手架引入。室内配线必须采用绝缘导线或电缆。

(10) 配电系统设置配电柜或总配电箱、分配电箱、开关箱，实行三级配电。每台用电设备必须有各自专业的开关箱，严禁用一个开关箱直接控制 2 台或多台用电设备。动力配电箱与照明配电箱应分别设置。

（11）对夜间影响飞机或车辆通行的在建工程及机械设备，必须设置醒目的红色信号灯，其电源应设置施工现场总电源开关的前侧，并应设置外线线路停止供电时的应急自备电源。

19. 建筑安装工程施工作业劳动防护用品配备及使用标准有哪些要求？

答：《建筑施工作业劳动防护用品配备及使用标准》JGJ 184—2009 规定，从事建筑安装工程的作业人员必须配备符合国家现行有关标准要求的劳动防护用品，并应按规定正确使用。劳动防护用品的配备，应按照"谁用工，谁负责"的原则，由用人单位为作业人员按作业工种配备。具体应做到：

（1）进入施工现场的人员必须佩戴安全帽。作业人员必须佩戴安全帽、穿工作鞋和工作服；应按作业要求正确使用劳动防护用品。在 2m 以上的高处、悬挂和陡坡作业时，必须系安全带。

（2）从事机械作业的女工和长发者应配备工作帽等个人防护用品。从事登高架设作业、起重吊装作业的施工人员应配备防止滑落的劳动保护用品。应为从事自然强光下作业的施工人员配备防止强光伤害的劳动防护用品。从事现场临时用电作业的施工人员应配备防止触电的劳动防护用品。从事焊接作业的施工人员应配备防止触电、灼伤、强光伤害的劳动防护用品。从事锅炉、压力容器、管道安装作业的施工人员应配备防止触电、强光伤害的劳动防护用品。从事防水、防腐和油漆作业的施工人员应配备防止触电、中毒、灼伤的劳动防护用品。从事基础工程、主体结构、屋面工程、装饰装修作业人员应配备防止身体、手足、眼部等受到伤害的劳动防护用品。

（3）冬期施工期间或环境温度较低的，应为作业人员配备防寒类防护用品。雨期施工期间应为室外作业人员配备雨衣，雨鞋等个人防护用品。对环境潮湿及水中作业人员应配备相应的劳动防护用品。

（4）建筑安装工程企业不得采购和使用无厂家名称、无产品合格证、无安全标志的劳动防护用品。劳动防护用品的使用年限应按国家现行相关标准执行。劳动防护用品达到使用年限或报废标准的应由建筑施工企业统一收回报废，并应为作业人员配备新的劳动防护用品。劳动防护用品有定期检测要求的应按照其产品的检测周期进行检测。

（5）建筑安装工程施工企业应建立健全劳动防护用品购买、验收、保管、发放、使用、更换、报废管理制度。在劳动保护用品使用前，应对其防护功能进行必要的检查。建筑安装工程施工企业应教育从业人员遵照劳动防护用品使用规定和防护要求，正确使用劳动防护用品。建筑安装工程施工企业对危险性较大的施工作业场所及具有尘毒危害的作业环境设置安全警示标识及应使用的安全防护用品标识牌。

第二节　工程质量管理的基本知识

1. 建筑安装工程质量管理的特点有哪些？

答：（1）安装工程质量的概念

质量就是满足要求的程度。要求包括明示的、隐含的和必须履行的需求及期望。明示的一般是指合同环境中，用户明确提出来的需要或要求，提出的是通过合同、标准、规范、图纸、技术文件所作出的明确规定；隐含需要则应加以识别和确定，具体说，一是指顾客的期望，二是指那些人们公认的、不言而喻的、不必做出规定的"需要"，如房屋的居住功能是基本需要。但服务的美观和舒适性则是"隐含需要"。需要是随时间、环境的变化而变化的，因此，应定期评定质量要求，修订规范，开发新产品，以满足变化的质量要求。

（2）建筑安装工程质量管理的特点

1）影响质量对因素多

建筑安装工程项目对施工是动态的，影响项目质量的因素也

132

是动态的。在项目的不同阶段、不同环节和不同过程中，影响质量的因素也各不相同。如设计、材料、自然条件、施工工艺、技术措施、管理制度等，均直接影响工程质量。

2）质量控制的难度大

由于建筑安装工程产品生产的单件性和流动性，不能像其他工业产品一样进行标准化施工，施工质量容易产生波动；而且施工场面大、人员多、工序多、关系复杂、作用环境差，都加大了质量管理的难度。

3）过程控制的要求高

工程项目在施工过程中，由于工序衔接多、中间交接多、隐蔽工程多，施工质量有一定的过程性和隐蔽性。在安装工程施工质量控制工作中，必须加强对施工过程的质量检查，及时发现和整改存在的质量问题，避免事后从表面进行检查。因为施工过程结束后的事后检查难以发现在施工过程中产生、又被隐蔽了的质量隐患。

4）终结检查的局限大

建筑安装工程项目建成后不能依靠终检来判断产品的质量和控制产品的质量；也不可能用拆卸和解体的方法检查内在质量或更换不合格的零件。因此，安装工程项目的终检（施工验收）存在一定的局限性。所以安装工程项目的施工质量控制应强调过程控制，边施工边检查边整改，并及时做好检查、认证和施工记录。

2. 建筑安装工程施工质量的影响因素及质量管理原则各有哪些？

答：影响建筑安装工程施工质量的因素主要包括人、材料、设备、方法和环境。对这五方面因素的控制，是确保项目质量满足要求的关键。

（1）人的因素

人作为控制的对象，是要避免产生失误；人作为控制的动力，是要充分调动积极性，发挥人的主导作用。因此，应提高人的素质、健全岗位责任制，改善劳动条件，公平合理地激励劳动热情；应根据项目特点，从确保工程质量的作为出发点，在人的技术水平、人的生理缺陷、人的心理行为、人的错误行为等方面控制人的使用；更为重要的是提高人的质量意识，形成人人重视质量的项目环境。

（2）材料及配件的因素

建筑工程材料及配件主要包括原材料、成品、半成品、构配件等。对材料和配件的控制主要通过严格检查验收，正确合理地使用，进行收、发、储、运技术管理，杜绝使用不合格材料等环节来进行控制。

（3）设备的因素

设备包括项目使用的机械设备、工具等。对设备的控制，应根据项目的不同特点，合理选择、正确使用、管理和保养。

（4）方法的因素

方法包括项目实施方案、工艺、组织设计、技术措施等。对方法的控制，主要是通过合理选择、动态管理等环节加以实现。合理选择就是根据项目特点选择技术可行、经济合理、有利于保证项目质量、加快项目进度、降低项目费用的实施方法。动态管理就是在项目管理过程中正确应用，并随着条件的变化不断进行调整。

（5）环境控制

影响项目质量的环境因素包括项目技术环境，如地质、水文、气象等；项目管理环境如质量保证体系、质量管理制度等；劳动环境如劳动组合、作业场所等。根据项目特点和具体条件，采取有效措施对影响工程项目质量的环境因素进行控制。

3. 建筑安装工程施工质量控制的基本内容和工程质量控制中应注意的问题各是什么？

答：所谓项目质量控制，是指运用动态控制原理进行项目的质量控制，即对项目的实施情况进行监督、检查和测量，并将项目实施结果与事先制定的质量标准进行比较，判断其是否符合质量标准，找出存在的偏差，分析偏差形成的原因的一系列活动。

（1）质量控制的内容

1）确定控制对象，例如一道工序、一个子分项工程、一个安装工程。

2）规定控制对象，即详细说明控制对象应达到的质量要求。

3）制定具体的控制方法，如工艺规程、控制用图表。

4）明确所采用的检验方法，包括检验手段。

5）实际进行检验。

6）分析实测数据与标准之间产生差异的原因。

7）解决差异所采取的措施、方法。

（2）质量控制中应注意的问题

1）安装工程质量管理不是追求最高的质量和最完美的工程，而是追求符合预定目标的、符合合同要求的工程。

2）要减少重复的质量管理工作。

3）不同种类的项目，不同的项目部分，质量控制的深度不一样。

4）质量管理是一项综合性的管理工作，除了安装工程项目的各个管理过程以外还需要一个良好的社会质量环境。

5）注意合同对质量管理的决定作用，要利用合同达到对质量进行有效的控制。

6）项目质量管理的技术性很强，但它又不同于技术性工作。

7）质量控制的目标不是发现质量问题，而是应提前避免质量问题的发生。

8）注意过去同类项目的经验和教训，特别是业主、设计单位、施工单位反映出来的对质量有重大影响的关键性工作。

4. 建筑安装工程质量控制体系的组织框架是什么？

答：质量控制是质量管理的重要组成部分，其目的是为了使产品、体系或过程的固有特性达到要求，以满足顾客、法律、法规等方面所提出的质量要求（即安全性、适用性和耐久性等）。所以，质量控制是通过采取一系列的作业技术和活动对各个过程实施控制。

工程项目经理部是施工承包单位依据施工承包合同派驻工程施工现场全面履行施工合同的组织机构。其健全程度、组织人员素质及内部分工管理水平，直接关系到整个工程质量控制的好坏。组织管理模式可采用职能型、直线型、直线一职能型和矩阵型四种。由于建筑安装工程建设实行项目经理负责制，项目经理全权代表施工单位履行施工承包合同，对项目经理全权负责。实践中一般采用直线一职能型组织模式，即项目经理根据实际的施工需要，下设相应的技术、安全、计量等职能机构，项目经理也可以根据实际的施工需要，按标段或按分部工程等下设若干个施工队。项目经理负责整个项目的计划组织和实施及各项协调工作，既使权力集中，权、责分明，决策快速，又能协助职能部门处理和解决施工中出现的复杂专业技术问题。

施工质量保证体系示意图如图 3-1 所示。

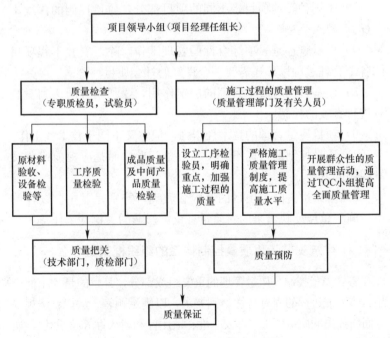

图 3-1 施工质量保证体系示意图

5. 建筑安装工程施工质量问题的处理的依据有哪些？

答：施工质量问题处理的依据包括以下内容：

（1）质量问题的实况资料。包括质量问题发生的时间、地点；质量问题描述；质量问题发展变化情况；有关质量问题的观测记录、问题现状的照片或录像；调查组调查研究所获得的第一手资料。

（2）有关合同及合同文件。包括工程承包合同、设计委托协议、设备与器材的购销合同、监理合同及分包合同。

（3）有关技术文件和档案。主要的是有关设计文件（如施工图纸和技术说明）、与施工有关的技术文件、档案和资料（如施工方案、施工计划、施工记录、施工日志、有关建筑材料的质量证明资料、现场制备材料的质量证明材料、质量事故发生后对事故状况的观测记录、试验记录和试验报告等）。

（4）相关的建设法规。主要包括《建筑法》、《建筑工程质量管理条例》及与工程质量及工程质量事故处理有关的法规，以及勘察、设计、施工、监理等单位资质管理方面的法规、从业者资格管理方面的法规、建筑市场方面的法规、建筑施工方面的法规、关于标准化管理方面的法规等。

6. ISO 9000 质量管理体系的要求包括哪些内容？

答：（1）质量管理体系说明

质量管理体系能够帮助组织增进顾客满意。顾客要求产品具有满足其需求和期望的特性，这些需求和期望在产品规范中表述，并集中归结为顾客要求。顾客要求可以由顾客以合同方式规定或由组织自己确定，在任一情况下，顾客最终确定产品的可接受性。因为顾客的需求和期望是不断变化的，这就促使组织持续地改进其产品和过程。质量管理体系方法鼓励组织分析顾客要求，规定相关的过程，并使其持续受控，以实现顾客能接受的产品。质量管理体系能提供持续改进的框架，以增加使顾客和其他相关方满意的可能性。质量管理体系还就组织能够提供持续满足要求的产品，向组织及其顾客提供信任。

（2）质量管理体系的要求

质量管理体系要求与产品要求 GB/T 19000 族标准把质量管理体系要求与产品要求区分开来。GB/T 19001 规定了质量管理要求，质量管理要求是通用的，适用于所有业务领域和经济领域，不论其提供何类品种的产品。它本身并不规定产品要求。

产品要求可由顾客规定，或由组织通过预测顾客的要求规定，或由法规规定。在某些情况下，产品要求和有关过程的要求可包含在诸如技术规范、产品标准、过程标准、合同协议和法规要求中。

7. 质量管理的八大原则是什么？

答：八项质量管理原则是 2000 版质量管理体系设计的基础，质量管理经历了这么几个阶段：传统质量管理阶段，统计质量管理阶段，全面质量管理阶段，综合质量管理阶段。

传统质量管理阶段是以检验为基本内容，方式是严格把关。对最终产品是否符合规定要求做出判定，属事后把关，无法起到预防控制的作用。

统计质量控制阶段是以数理统计方法与质量管理的结合，通过对过程中影响因素的控制达到控制结果的目的。

全面质量管理阶段全面质量管理内容和特征可以概括为三全，即：管理对象是全面的、全过程的、全员的。

综合质量管理阶段同样以顾客满意为中心，但同时也开始重视与企业职工、社会、交易伙伴、股东等顾客以外的利益相关者的关系。重视中长期预测与规划和经营管理层的领导能力。重视人及信息等经营资源，使组织充满自律、学习、速度、柔韧性和创造性。

八项质量管理原则包括：

（1）以顾客为关注焦点。

组织依存于顾客。因此，组织应当理解顾客当前和未来的需求，满足顾客要求并争取超越顾客期望。就是一切要以顾客为中心，没有了顾客，产品销售不出去，市场自然也就没有了。所以，无论什么样的组织，都要满足顾客的需求，顾客的需求是第一位的。要了解顾客的需求，这里说的需求，包含顾客明示的和隐含的需求，明示的需求就是顾客明确提出来的对产品或服务的要求，隐含的需求或者说是顾客的期望，是指顾客没有明示但是必须要遵守的，比如说法律法规的要求，还有产品相关的标准的要求。另外，作为一个组织，还应该了解顾客和市场的反馈信息，并把它转化为质量要求，采取有效措施来实现这些要求。想顾客所想，这样才能做到超越顾客期望。这个指导思想不仅领导要明确，还要在全体职工中贯彻。

（2）领导作用。

领导者应当创造并保持使员工能充分参与实现组织目标的内部环境。作为组织的领导者，必须将本组织的宗旨、方向和内部环境统一起来，积极地营造一种竞争的机制，调动员工的积极性，使所有员工都能够在融洽的气氛中工作。领导者应该确立组织的统一的宗旨和方向，就是所谓的质量方针和质量目标，并能够号召全体员工为其努力。

领导的作用，即最高管理者应该具有决策和领导一个组织的关键作用。确保关注顾客要求，确保建立和实施一个有效的质量管理体系，确保提供相应的资源，并随时将组织运行的结果与目标比较，根据情况决定实现质量方针和目标的措施，决定持续改进的措施。在领导作风上还要做到透明、务实和以身作则。

（3）全员参与的各级人员都是组织之本，只有他们的充分参与，才能够使他们的才干为组织带来收益。全体职工是每个组织的基础。组织的质量管理不仅需要最高管理者的正确领导，还有赖于全员的参与。所以要对职工进行质量意识、职业道德、以顾客为中心的意识和敬业精神的教育，还要激发员工的积极性和责任感。没有员工的合作和积极参与，是不可能做出什么成绩的。

（4）过程方法将活动和相关的资源作为过程进行管理，可以更高效的得到期望的结果。首先介绍一下"过程"这个词，在标准中的定义是，一组将输入转化为输出的相互关联或相互作用的活动。一个过程的输入通常是其他过程的输出，过程应该是增值的组织为了增值通常对过程进行策划并使其在受控条件下运行。这里的增值不仅是指有形的增值，还应该包括无形的增值，比如我们的制造过程，就是将一些原材料经过加工形成了产品，可以想象一下，产品的价格会比原材料的总和要高，这就是增值。这是一个最简单的例子。组织在运转的过程中，有很多活动，都应该作为过程来管理。将相关的资源和活动作为过程进行管理，可以更高效地得到期望的结果。

根据 ISO 9000 族标准建立了一个过程模式。此模式把管理职责；资源管理；产品实现；测量、分析和改进作为体系的 4 大主要过程，描述其相互关系并以顾客要求为输入，提供给顾客的产品为输出，通过信息反馈来测定的顾客满意度，评价质量管理体系的业绩。

（5）管理的系统方法。

将相互关联的过程作为系统加以识别、理解和管理，有助于组织提高实现目标的有效性和效率。组织的过程不是孤立的，是有联系的，因此，要正确地识别各个过程，以及各个过程之间的关系和接口，并采取适合的方法来管理。针对设定的目标，识别、理解并管理一个由相互关联的过程所组成的体系，有助于提高组织的有效性和效率。这种建立和实施质量管理体系的方法，既可用于新建体系，也可用于现有体系的改进。此方法的实施可在三方面受益：一是提供对过程能力及产品可靠性的信任；二是为持续改进打好基础；三是使顾客满意，最终使组织获得成功。

（6）持续改进。

持续改进总体业绩应当是组织的一个永恒目标。在过程的实施中不断地发现问题，解决问题，这就会形成一个良性循环。持续改进是组织的一个永恒的目标。在质量管理体系中，改进指产品质量、过程及体系有效性和效率的提高，持续改进包括：了解现状；建立目标；寻找、评价和实施解决办法；测量、验证和分析结果，把更改纳入文件等活动。最终形成一个 PDCA 循环，并使这个循环不断运行，使得组织能够持续改进。

（7）基于事实的决策方法。

有效决策是建立在数据和信息分析的基础上。组织应该搜集运行过程中的各种数据，然后对这些数据进行统计和分析，从数据中寻找组织的改进点，或者相关的信息，以便于组织出正确的决策，减少错误的发生。防止决策失误对数据和信息的逻辑分析或直觉判断是有效决策的基础。在对信息和资料做科学分析时，统计技术是最重要的工具之一。统计技术可用来测量、分析和说明产品和过程的变性，统计技术可以为持续改进的决策提供依据。

（8）与供方互利的关系。

组织与供方是相互依存的，互利的关系可增强双方创造价值的能力。组织的供应链适用于各种组织，对于不同的组织，他在不同的供应链中的地位也是不同的，有可能是一个供应链中供方，同时是另外一个供应链中的顾客，所以，互利的供方关系其实是一个让供应链中各方同时得到改进的机会，共同进步。

通过互利的关系增强组织及其供方创造价值的能力。供方提供的产品将对组织向顾客提供满意的产品产生重要影响，因此处理好与供方的关系，影响到组织能否持续稳定地提供顾客满意的产品。对供方不能只讲控制不讲合作互利，特别对关键供方，更要建立互利关系，这对组织和供方都有利。

8. 建筑工程质量管理中实施 ISO 9000 标准的意义是什么？

答：建筑施工企业贯彻 ISO 质量管理体系标准，适应了我国建立现代企业制度的需要，成为了企业质量管理的重要准则。我国正推行现代企业管理制度，使企业真正成为自主经营、自负盈亏、自我发展的经济实体。作为这样一种的经济实体，迫切需要按 ISO 9000 的要求提高自身素质，这是我国建筑施工企业自身发展、提高产品质量、服务质量的重要基础。

第三节　施工质量计划的内容和编制方法

1. 什么是质量策划？

答：工程项目质量策划是工程项目质量管理的一部分，它是指工程项目在质量方面进行规划的活动，质量计划是质量策划的一种体现，质量策划的结果也可以是非书面的形式。质量计划应明确指出所开展的质量活动，并直接或间接通过相应程序或其他文件，指出如何实现这些活动。质量策划致力于质量目标并规定必要的作业过程和相关资源，以实现其质量目标。其中，质量目标是指与质量有关的、所追求的或作为目的的事物，应建立在组织的质量方针基础上。质量计划指规定用于某一具体情况的质量管理体系要素和资源的文件，通常引用质量手册的部分内容或程序文件。国家标准 GB/T 19000：2000 对工程项目策划的定义是："对特定的项目、产品、过程或合同，规定由谁及何时应使用哪些程序和相关资源的文件"。对工程项目而言，质量计划主要是针对特定的项目所编制的规定程序和相应资源的文件。

组织的质量手册和质量管理体系程序所规定的是各种产品都适用的通用要求和方法。但各种特定产品都有其特殊性，可将其产品、项目或合同的特定要求与现行的通用质量体系程序相联结。通常在质量策划所形成的质量计划中引用质量手册或程序文件中的适用条款。

2. 施工质量计划的作用和内容各有哪些？

答：（1）质量计划的作用

质量计划是一种工具，其可以起以下作用：

1）在组织内部，通过建设项目的质量计划，使产品的特殊质量要求能通过有效的措施得以满足，是质量管理的依据。

2）在合同情况下，供方可向顾客证明其如何满足特定合同的特殊质量要求，并作为用户实施质量监督的依据。

（2）质量计划的内容

质量计划的内容有：质量目标和要求；质量管理组织和职责；所需要的过程、文件和资源的需求；产品（或工程）所要求的验证、确认和监视、检验和试验活动，以及接受准则；必要的记录；所采取的措施等。具体内容如下：

1）应达到的建设项目质量目标，如特性或规范、可靠性、综合指标等。

2）组织实际运作的各过程步骤（可以用流程图等展示过程的各项活动）。

3）在项目的各个不同阶段，职责、权限和资源的具体分配。如果有的建设项目因特殊需要或组织管理的特殊要求，需要建立相对独立的组织机构，有规定有关部门和人员应承担的任务、责任、权限和完成工作任务的进度要求。

4）实施中应采用的程序、方法和指导书。

5）有关阶段（如设计、采购、施工、运行等）适用的试验、检查、检验和评审的大纲。

6）达到质量目标的测量方法。

7）随项目的进展而修改和完善质量计划的程序。

8）为达到质量目标而应采取的其他措施，更新检验测试设备，研究新的工艺方法和设备，需要补充制定的特定程序、方法、标准和其他文件等。

3. 施工质量计划的编制方法和注意事项各是什么？

答：（1）施工质量计划的编制方法

建设工程的质量计划是针对具体项目的特殊要求，以及应重点控制的环节，所编制的对设计、采购、施工安装、试运行等质量控制的方案。编制质量计划，可以是单独一个文件，也可以是由一系列文件组成。质量计划最常见的内容之一是创优计划，包括各种高等级的质量目标，特殊的设施措施等。

开始编制质量计划时,可以从总体上考虑如何保证产品质量,因此,可以是一个带有规划性的较粗的质量计划。随着施工安装的进展,再相应地编制较详细的质量计划,如施工控制计划、安装控制计划和检验计划等。质量计划应随施工、安装的进度作出必要的调整和完善。

质量计划可以单独编制,也可以作为建设项目其他文件的组成部分,在现行的施工管理体制中,对每一个特定的工程项目需要编写施工组织设计,作为施工准备和施工全过程的指导性文件。质量计划和施工组织设计的相同点是:其对象都是针对某一特定项目,而且均以文件的形式出现。但两者在内容和要求上不完全相同,因此,不能互相替代。但可以将两者有机地结合起来。同时,质量计划应充分考虑与施工方案、施工组织的协调与接口要求。

(2)编制质量计划的注意事项

1)组织管理层应当亲自及时组织指导,项目经理必须亲自主持和组织质量计划的编写工作。

2)可以建立质量计划编制小组。小组成员应具备丰富的知识,有实践经验,善于听取不同意见,有较强的沟通能力和创新精神。当质量计划编制完成后,在公布实施时,小组即可解散。

3)编制质量计划的指导思想是:始终以用户为关注焦点。建立完善的质量控制措施。

4)准确无误地找出关键质量问题。

5)反映征询对质量计划草案的意见。

第四节　工程质量控制的方法

1. 施工准备阶段的质量控制内容与方法有哪些?

答:施工准备阶段的质量控制是指项目正式施工活动开始之前,对项目准备工作即影响质量的各种因素和有关方面的质量控制。施工准备是为了保证施工生产正常进行而必须事先做好的工作。施工准备工作不仅是在工程开工前要做好，而且贯穿于施工过程。施工准备的基本任务就是为施工项目建立一切必要的施工条件，确保施工生产顺利进行，确保工程质量符合要求。

（1）施工技术资料、文件准备的质量控制

1）施工项目所在地的自然条件及技术经济条件调查资料；

2）施工组织设计；

3）国家及政府有关部门颁布的有关质量管理方面的法律法规性文件及质量验收标准；

4）工程测量控制。

（2）设计交底和图纸审核的质量控制

1）设计交底。工程施工前，由设计组织向施工单位有关人员进行设计交底。

2）图纸审核。图纸审核是设计单位和施工单位进行质量控制的重要手段，也是使施工单位通过审查熟悉设计图纸、了解设计意图和关键部位的工程质量要求，发现和减少设计差错，保证工程质量的重要方法。图纸审查包括内审和会审两种方式。内审是指施工单位及项目经理部的图纸审核。会审指施工单位及项目经理部与业主、设计、监理等相关方面的图纸共同审核。

（3）施工分包服务

对各种分包服务选用的控制应根据其规模、对他控制的复杂程度区别对待分包合同，对分包服务进行动态控制。

（4）质量教育与培训

通过教育培训和其他措施提高员工的能力，增强质量和顾客意识，使员工满足从事好的质量工作对能力的要求。

2. 施工阶段质量控制的内容及方法包括哪些？

答：施工阶段的质量控制包括如下主要方面。

（1）技术交底

按照工程重要程度，单位工程开工前，应由组织或项目技术负责人组织全面的技术交底。

（2）测量交底

1）对于给定的原始基准点，基准线和参考标高等的测量控制点应做好复核工作审核批准后，才能据此进行准确的测量放线。

2）施工测量控制网的复测。准确地测定与保护好场地平面控网和主轴线的桩位，是整个场地内建筑物、构筑物定位的依据，是保证整个施工测量精度和顺利进行施工的基础。

（3）材料控制

1）对供货方质量保证能力进行评定。

2）建立材料管理制度，减少材料损失、变质。

3）对原材料、半成品、构配件进行标识。

4）材料检查验收。

5）发包人提供的原材料、半成品、构配件和设备。

6）材料质量抽样和检验方法。

（4）机械设备控制

1）机械设备使用形式决策。

2）注意机械配套。

3）机械设备的合理使用。

4）机械设备的保养与维修。

（5）计量控制

施工中的计量工作，包括施工生产时的投料计量、施工生产过程中的检测计量和对项目、产品或过程的测试、检验、分析计量等。

计量工作的主要任务是统一计量单位制度，组织量值传递。保证量值的统一。这些工作有利于控制施工生产工艺过程，促进施工生产技术的发展，提高工程项目的质量。因此，计量是保证工程项目质量的重要手段和方法，亦是施工项目开展质量管理的一项重要基础工作。为了做好记录工作，应抓好以下几项工作：

1）建立计量管理部门和配备建立人员；

2）建立健全和完善计量管理的规章制度；

3）积极开展计量意识教育；

4）确保强检计量器具的及时检定；

5）做好自检器具的管理工作。

（6）工序控制

工序控制是产品制造过程的基本环节，也是组织生产过程的基本单位。一道工序，是指一个（或一组）工人在一个工作地对一个（或几个）劳动对象（工程、产品、构配件）所完成的一切连续活动的总和。

（7）特殊和关键过程控制

特殊过程是指建设工程项目在施工过程或工序施工质量不能通过其后的检验和试验而得到验证，或者其验证的成本不经济的过程。如防水、焊接、桩基处理、防腐工程、混凝土浇筑等。

关键过程是指严重影响施工质量的过程。如：吊装、混凝土搅拌、钢筋连接、模板安拆、砌筑等。

（8）工程变更控制

控制时间遵循以下原则：不提高建设标准；不影响建设工期；不扩大范围。控制措施包括：建立工程变更的相关制度；要有严格的程序；明确合同责任。

3. 施工过程质量控制点设置原则、种类及管理各包括哪些内容？

答：特殊过程和关键过程是施工质量控制的重点，设置质量控制点就是根据工程项目的特点，抓住这些影响工序施工质量的主要因素。

（1）质量控制点设置原则

质量控制点应选择技术要求高、施工难度大、对工程质量影响大或者是发生质量问题时危害大的对象进行设置。

1）对工程质量形成过程产生直接影响的关键部位、工序、环节及隐蔽工程。

2）施工过程中的薄弱环节，或者质量不稳定的工序、部位或对象。

3）对下道工序有较大影响的上道工序。

4）采用新技术、新工艺、新材料、新设备的部位或环节。

5）施工质量无把握的、施工条件困难或技术难度大的工序或环节。

6）用户反馈指出的过去有过返工的不良工序。

（2）质量控制点的种类

1）以质量特性值为对象来设置；

2）以工序为对象来设置；

3）以设备为对象来设置；

4）以管理工作为对象来设置。

（3）质量控制点的管理

在操作人员上岗前，施工员、技术员做好交底和记录，在明确工艺要求、质量要求、操作要求的基础上方能上岗，施工中发现问题，及时向技术人员反映，由有关技术人员指导后，操作人员方可继续施工。

为了保证质量控制点的目标实现要建立三级检查制度，即操作人员每日自检一次，组员之间或班长，质量干事与组员之间进行互检；质量员进行专检；上级部门进行抽检。

针对特殊过程（工序）的过程能力，应在需要时根据事先的策划及时进行确认，确认的内容包括：施工方法、设备、人员、记录的要求，需要时要进行确认，对于关键过程（工序）也可以参照特殊过程进行确认。

在施工中，如果发现质量控制点有异常，应立即停止施工，召开分析会，找出产生异常的主要原因，并用对策表写出对策。如果是因为技术要求不当，而出现异常，必须重新修订标准，在明确操作要求和掌握新标准的基础上，再继续进行施工，同时还应加强自检、互检的频次。

第五节　施工试验的内容、方法和判定标准

1. 给水排水工程材料的试验方法和内容有哪些？

答：（1）材料和主要构配件的验收与检验

建筑给水、排水工程所使用的主要材料、成品半成品、配件、器具和设备必须具有中文质量合格证明文件，规格、型号及性能检测报告应符合国家技术标准或设计要求。进场时应做检查验收，并经监理工程师核查确认。所有材料进场时应对品种、规格、外观等进行验收。进场材料验收对提高工程质量是非常必要的，在对品种、规格、处观加强验收同时，应对材料包装表面情况及外力冲击进行重点检验。

主要器具和设备必须有完整的安装使用说明书。在运输、保管和施工过程中，应采取有效措施防止损坏或腐蚀。进场的主要器具和设备应有安装使用说明书是抓好工程质量的重要一环。器具和设备在安装上不规范、不正确的安装满足不了使用功能的情况时有出现，运行调试不按程序进行导致器具或设备损坏，所以增加此内容。在运输、保管和施工过程中对器具和设备的保护也很重要，措施不得当就有损坏和腐蚀情况。

阀门安装前，应作强度和严密性试验。试验应在每批（同牌号、同型号、同规格）数量中抽查 10%，且不少于一个。对于安装在主干管上起切断作用的闭路阀门，应逐个作强度和严密性试验。

（2）原材料及设备产品质量合格证或出厂合格证

原材料及设备产品必须具备相应的质量合格证或出厂合格证。合格证的收集方法由材料公司出复印件，按所供栋号份数复印。由材料组收集（包括定货者收集，如锅炉等设备技术资料和合格证）或由由工长及班组指定人收集并制定收集责任制，做到准确及时，证物相符。

1) 必须有合格证的产品一般有三类

① 材料：包括管材、管件、型钢、衬垫等原材料；

② 设备器具：包括散热器、暖风机、辐射板、热水器、卫生器具及配件、锅炉和水泵、鼓（引）风机、软化罐、除尘器及附属设备等的出厂合格证；

③ 阀门、仪表及调压装置：一般要求，购进什么产品，就应该有什么产品的合格证。

2) 资料整理要求

① 要有产品合格证目录表；

② 将各种合格证编号、顺序粘贴在合格证贴条内，将此合格证代表的同一产品的数量及使用部位注明，并办理有关手续。

2. 建筑给水排水工程试压的程序和方法各是什么？

答：(1) 试压检验的理论依据

依据《建筑给水排水及采暖工程施工质量验收规范》GB 50242—2002 要求室内给水管道的水压试验必须符合设计要求。当设计没有注明时，各种材质的给水管道系统试验压力均为工作压力的 1.5 倍，但不得小于 0.6MPa。

(2) 试压检验的程序

金属及复合管给水管道系统在试验压力下观测 10min，压力降不应大于 0.02MPa，然后降到工作压力进行检查，应不渗不漏；塑料管给水管道系统应在试验压力下稳压 1h，压力降不得超过 0.05MPa，然后在工作压力的 1.15 倍状态下稳压 2h，压力降不得超过 0.05MPa，同时检查各连接处不得渗漏。

给水管道安装完成后，应首先在各出水口安装水阀或堵头，并打开进户总水阀，将管道注满水，然后检查各连接处，没有渗漏，才能进行水压试验。

1) 连接试压泵：试压泵通过连接软管从室内给水管道较低的管道出水口接入室内给水管道系统。

2) 向管道注水：打开进户总水阀向室内给水管系统注水，

同时打开试压泵卸压开关，待管道内注满水并通过试压泵水箱注满水后，立即关闭进户总水阀和试压泵卸压开关。

3）向管道加压：按动试压泵手柄向室内给水管系统加压，至试压泵压力表指示压力达到试验压力（0.6MPa）时停止加压。

4）排出管道空气：缓慢拧松各出水口堵头，待听到空气排出或有水喷出时立即拧紧堵头。

5）继续向管道加压：再次按动试压泵手柄向室内给水管系统加压，致试压泵压力表指示压力达到试验压力（0.6MPa）时停止加压。然后按《建筑给水排水及采暖工程施工质量验收规范》GB 50242—2002 4.2.1规定的检验方法完成室内给水管系统压力试验。试验完成后，打开试压泵卸压开关卸去管道内压力。

（3）注意事项

1）可以按上述方法分别对室内冷水系统和热水系统进行压力试验；也可以用连接软管将冷热出水口连通，一次完成冷水系统和热水系统的压力试验。

2）进户总水阀关闭严密与否是准确完成压力试验的关键，若总水阀不能关闭严密，则应该将室内给水管道与室外给水管网分离，然后进行室内给水管系统压力试验。

3）管道排空是为了保证室内给水管系统压力试验的准确性，一定要认真做好。

3. 建筑电气照明系统通电试运行程序和操作方法是什么？

答：（1）照明系统的测试和通电试运行

1）电线绝缘电阻测试前电线的接续完成；

2）照明箱（盘）、灯具、开关、插座的绝缘电阻测试在就位前或接线前完成；

3）备用电源或事故照明电源作空载自动投切试验前拆除负荷，空载自动投切试验合格，才能做有载自动投切试验；

4）电气器具及线路绝缘电阻测试合格，才能通电试验；

5）照明全负荷试验必须在本条的1）、2）、4）完成后进行。

（2）建筑物照明通电试运行

建筑物照明系统通电试运行，要做好照明系统（灯具控制回路、控制顺序、风扇转向及调速开关、运行等）功能检查工序，使灯具回路控制应与照明配电箱及回路标识一致；开关与灯具控制顺序相对应；风扇转向及调速开关应符合要求。

建筑电气照明通电试运是检验电气设计、施工质量好坏的标准。《建筑电气工程施工质量验收规范》GB 50303—2002 第23.1.2 条和《建筑工程资料管理规程》DBJ 01—51—2003 第8.7.31 规定：公共建筑照明系统通电连续试运行时间为 24h，民用住宅照明系统通电连续试运行时间为 8h，所有照明灯具均应开启，且每 2h 记录运行状态 1 次，连续试运行时间内无故障。

4. 建筑电气工程照明系统的测试和通电试运行应按什么程序进行？

答：照明系统的测试和通电试运行应按如下程序进行：

（1）电线绝缘电阻测试前电线的接续完成；

（2）照明箱（盘）、灯具、开关、插座的绝缘电阻测试在就位前或接线前完成；

（3）备用电源或事故照明电源作空载自动投切试验前拆除负荷，空载自动投切试验合格，才能做有载自动投切试验；

（4）电气器具及线路绝缘电阻测试合格，才能通电试验。

5. 通风与空调工程的风量测试和温度、湿度自动控制试验的方法与程序各有哪些？空调工程性能检测的项目有哪些？

答：（1）风口风量测试、风口风量平衡测试、风机风量风压测试、风机与水泵节能测试、无负荷试运行测试、带负荷运行测试、运行噪声测试、系统效能测试与分析、温度、湿度或洁净度等的测试。

（2）周围空气温度：上限 40℃，下限 −15℃，日平均气温不超过 35℃。

（3）湿度：日平均相对湿度不大于 95%，日平均水蒸气压不超过 2.2kPa；月平均相对湿度不大于 90%，月平均水蒸气压不超过 1.8kPa。

空调系统承担着排除室内余热、余湿、CO_2 与异味的任务。研究表明：排除室内余湿与排除 CO_2、异味所需要的新风量与变化趋势一致，即可以通过新风同时满足排除余湿、CO_2 与异味的要求，而排除室内余热的任务则通过其他的系统（独立的温度控制系统）来实现。由于无须承担除湿的任务，因而用较高温度的冷源即可实现排除余热的任务。

温湿度独立控制空调系统中，采用温度与湿度两套独立的空调控制系统，分别控制、调节室内的温度与湿度，从而避免了常规空调系统中热湿联合处理所带来的损失。由于温度、湿度采用独立的控制系统，可以满足不同区域和同一区域不同房间热湿比不断变化的要求，克服了常规空调系统中难以同时满足温、湿度参数的要求，避免了室内湿度过高（或过低）的现象。

（4）通风与空调工程性能检测应检查的项目包括：

1）空调水管道系统水压试验；

2）通风管道严密性试验；

3）通风、除尘、空调、制冷、净化、防排烟系统无生产负荷联合试运转与调试。

6. 通风空调工程的隐蔽验收如何做？

答：（1）敷设于竖井内、不进入吊顶内的风道，要检查风道的标高、材质、接头、接口的严密性，附件、部件是否安装到位，支、吊、托架安装、固定，活动部件是否灵活可靠、方向正确，风道分支、变径处理是否符合要求，是否已经完成风管的漏光、检测、空调水管道的强度严密性、冲洗等试验。

（2）有绝热、防腐要求的风管、空调水管及设备：检查绝热形式和做法、绝热材料的材质和规格、防腐处理材料及做法。

7. 消防栓水枪、水带的使用方法有哪些?

答:(1)拉开防火栓门,取出水带,水枪。

(2)检查水带及接头是否良好,如有破损,禁止使用。

(3)向火场方向铺设水带,注意避免扭折。

(4)将水带与消防栓连接,将连接扣准确插入滑槽,并按顺时针方向拧紧。

(5)连接完毕后,至少有2名操作者紧握水枪,对准火源(严禁对人,避免高压伤人),另外一名操作者缓慢打开消火栓阀门至最大,对准火源根部喷射进行灭火,直到将火完全扑灭。消防水带灭火后,须打开晒干水分,并经检查确认没有破损,才能折叠到消防栓内。

8. 自动喷水灭火系统竣工验收的内容包括哪些?

答:自动喷水灭火系统安装完毕后,应进行竣工验收,以检查施工是否符合设计和有关规范的要求。验收由用户和当地消防监督部门主持。合格后系统方能正式使用。

(1)水源

1)水源包括消防水池、高位水箱、压力水罐和市政供水管网的水量和水压。

2)消防泵以及补压泵的性能,包括启动、吸水、流量和扬程。

3)消防泵动力及备用动力。

(2)喷头

1)喷头的五金、类型与间距。

2)在腐蚀性场所安装的喷头的防腐措施。

3)喷头下方是否存在阻挡喷水的障碍物,如隔板、管路及灯具等。

4)备用喷头的数量。

（3）报警控制阀

1）设置地点，阀室位置、环境及排水设施。

2）各个阀门，包括水源闸阀、手动阀、放水阀、试警铃阀等的正常位置，指示标记和相应的技术措施。

3）报警阀各部件组成的合理性。

（4）管路

1）管路的固定和吊架的布置。

2）管路的布置。

3）冲洗和检查口，末端试验装置和排水装置。

（5）其他的要求

1）自动喷水、灭火系统与火灾自动探测报警装置的联动性。

2）自动充气装置和传动管路。

3）水雾系统中喷头与管路、电气设施的间距。

4）喷雾喷头过滤装置。

完成上述检查后，应对系统进行试验，以检查系统中各部位的联动性能。对湿式系统可通过末端试验装置进行试验。试验时，打开末端试验装置的放水阀，通过喷嘴放水模拟喷头喷水，此时湿式阀应立即开启，水力警铃应发出响亮声响，压力开关等部件亦应发出相应信号。

对于开式系统和预作用系统，同样可以进行上述试验，检查由喷头开启至水喷出的时间，即系统管路充水时间。对雨淋系统等开式系统的试验，则可通过雨淋阀中的手动阀来进行。经过检查和试验，符合规范和技术要求的，即可投入正常运行。

9. 火灾自动报警系统组成及其工作原理是什么？

答：火灾自动报警控制系统由光电感烟探头、差定温式探测器、手动报警按钮、消火栓按钮、喷淋头、水流指示、湿式报警阀、压力开关、楼层显示器、防火阀、排烟阀、排烟机、正压送风机、正压送风阀、新风机组、空调机组、消防电梯、消防广播、消防电话、消火栓泵、喷淋泵、切断非消防电源、控制器主机和显示系统组成。

（1）光电感烟探头

光电感烟探头是一种检测燃烧产生的烟雾微粒的火灾探测器。光电感烟作为前期、早期火灾报警是非常有效的。对于要求火灾损失小的重要地点，火灾初期有阴燃阶段，产生大量的烟和少量的热，很少或没有火焰辐射的火灾，都适合选用。

（2）差定温式探测器

差定温式探测器是利用热敏元件对温度的敏感性来检测环境温度，特别适用于发生火灾时有剧烈温升的场所，与感烟探测器配合使用更能可靠探测火灾，减少损失。

（3）手动火灾报警按钮

手动火灾报警按钮主要安装在经常有人出入的公共场所中明显和便于操作的部位。当有人发现火情时，手动按下按钮，向报警控制器送出报警信号。手动火灾报警按钮比探头报警更紧急，一般不需要确认。因此，手动报警按钮要求更可靠、更确切，处理火灾要求更快。

（4）消火栓按钮

消火栓按钮安装在消火栓箱中。当发现火情必须使用消火栓的情况下，手动按下按钮，向消防中心送出报警信号，在主机设置在自动时，将直接启动消火栓泵。

（5）喷淋头

动作温度 68℃玻璃球充液颜色为红色。动作温度 93℃玻璃球充液颜色为绿色，厨房等高温场所使用。

（6）水流指示

在喷淋系统的楼层支路管道上安装，从顶楼到地下每层 1个，当管网内的水流动，并且流量大于 15L/min 时，水流指示即因叶片受水流的冲击而改变开关的状态，发出报警讯号，从而起到检测和指示报警楼层的作用。

（7）湿式报警阀

它使水单向流动，依靠管网侧水压的降低而开启阀瓣，有一只喷头爆破就立即动作送水去灭火。

（8）排烟机

排烟系统是将烟气排出建筑物外，是人员安全疏散的重要保证。排烟机平时可以低速用于通风换气，火灾时远程启动高速排烟。

（9）排烟阀

在通风管上设排烟阀，平时关闭排烟阀，火灾时打开着火区的排烟阀。

（10）正压送风机

发生火灾时人员逃生通道应是楼梯间。因此，保持楼梯间的正压使烟火不得入内就十分重要了。

正压风机一般处于屋顶，与各层的正压风阀联动。火灾初起时打开风阀，启动正压送风机，使楼梯间、电梯厅处于正压状态。

（11）正压送风阀

正压送风是阻止烟气进入疏散区域。火灾发生时打开对应区域正压风机及对应正压送风阀，令新鲜空气高压充入，达到阻止烟气的目的。

（12）新风机组

楼外新鲜空气由机组吸入，经过温度增减调节和加湿处理后，通过送风风道送到各个房间。

（13）空调机组

少量的楼外新鲜空气和大量的室内回风由机组吸入，经过温度增减调节和加湿处理后，通过送风风道送到各个房间。

（14）防火阀

防火阀安装于空调风管回风口，当出现火情时关闭防火阀能阻断风管，起到两个作用：

1）不往火灾现场输送空气，避免助燃；

2）阻止火源从风管往其他地方扩散。

（15）消防电梯

火灾时，电梯无论在任何方向和位置，必须迫降到1层并自动开门以防困人。到达1层后，电梯转入消防状态，可由消防救援人员根据情况进行消防运行。

（16）消防广播

用于指挥疏散。

（17）消防电话

用于消防中心和现场之间的通信，启动多个可多方通话，可报警、核对警情、指挥救援和故障联络。

（18）消火栓泵

（19）喷淋泵

（20）压力开关

在水的压力作用下，使其中的触点动作输出信号全消防中心主控制器。

（21）控制器主机

火灾报警控制器是火灾自动报警控制系统的核心。

1）能接收探测信号，转换成声、光报警信号，指示着火部位和记录报警信息。

2）可通过火警发送装置启动火灾报警信号，或通过自动灭火控制装置启动自动灭火设备和联动控制设备。

3）自动监视系统的正确运行和对特定故障给出声光报警。

（22）显示系统

（23）切断非消防电源

国家防火规范对非消防电源的切断做了严格的规定："火灾确定后，应能在消防控制室或配电室手动切断相关区域的非消防电源。"即火灾确认后，才能切断非消防电源。这说明非消防电源的切断是个很严肃的问题，不能一有火警就立刻自动切断。

采用消防控制室全楼切断，切断非消防电的范围：冷水机组及其附属泵和楼内所有空调机组、新风机组、风机盘管，客梯，通信交换机、1楼以上的全部照明（消防中心除外）、1楼以上的全部非消防专用的设备电源。

（24）防火卷帘门

是一种适用于建筑物较大洞口处的防火、隔热设施，产品在设计上采用了卷轴内藏的特点，具有结构合理紧凑。防火卷帘帘面通过传动装置和控制系统实现卷帘的升降，起到防火、隔火作用，产品外形平整美观、造型新颖，具有刚性强的特点。防火卷帘门广泛应用于工业与民用建筑的防火隔断区，能有效地阻止火势蔓延，保障生命财产安全，是现代建筑中不可缺少的防火设施。

（25）气体灭火

系统具有自动、电气手动和机械应急手动三种控制方式。系统主要由：气体灭火控制器、灭火剂储瓶、瓶头阀、电磁瓶头阀、选择阀、液流单向阀、气流单向阀、安全阀、压力讯号器、火灾探测器、储瓶框架、喷嘴及管路系统等组成。根据使用要求，可设计成无管网系统、单元独立系统和组合分配系统，实施对单区和多区的保护。该系统主要适用于：电子计算机房、图书馆、档案馆、配电房、电讯中心、地下工程等重点部门的消防保护。

10. 智能建筑中建筑设备自动化包括哪些部分？

答：（1）冷热源系统

1）检测循环泵运行状态、故障报警及启停控制；

2）换热器一/二次侧蝶阀控制/反馈；

3）换热器一/二次侧供/回水温度监视；

4）换热器一/二次侧供/回水压力监视；

5）换热机组循环水泵状态/故障/启停；

6）热水循环泵：运行状态、水处理器启停控制；

7）燃气热水锅炉本体控制。

（2）空调机组监控

1）机组（及变频器）程序启停控制、联锁保护控制；

2）监测送风管道静压、送回风温度湿度；

3）风机运行状态、风机手/自状态、风机故障报警；

4）根据室外空气温度及空气质量传感器检测值，调节新风阀开度；

5）监测所有阀门的开度；

6）监测盘管防冻状态；

7）过滤网压差；

8）累积设备运行时间。

（3）新风机监控

1）监测送回风温湿度、送风压力、回风二氧化碳浓度；

2）风机前后压差、风机运行状态、风机手/自状态、风机故障报警；

3）加湿器的控制；

4）风机变频器状态、控制；

5）转轮热交换器的状态与控制；

6）按时间程序自动启/停风机，累计运行时间；

7）过滤网压差报警；

8）防冻报警；

9）累积设备运行时间。

（4）照明系统监控

1）照明回路开关状态；

2）照明回路手/自动状态；

3）照明回路开关控制。

（5）送/排风机/排烟风机监控

监测并记录设备的运行状态与系统运行参数，包括：

1）根据程序自动控制送/排风机的启停；

2）风机运行状态、风机手/自状态；

3）累积设备运行时间。

对于排烟风机，其参数包括：

1）平时根据程序自动控制风机的启停进行排风，火灾时由消防优先控制用于排烟；

2）风机运行状态、风机手/自状态；

3）累积设备运行时间。

（6）给水排水系统

1）监测水泵运行状态、故障报警、变频器状态及故障状态；

2）地下水池及消防水箱设置溢流水位和报警水位监测；生活水箱的保护水位、回复水位、报警水位和溢流水位；

3）根据水箱、水池液位状态启停水泵。

排水系统的主要监测内容如下：

1）监测水泵运行状态、故障报警；

2）水池液位监测。

中水系统（中水系统包括高区、中区、低区变频供水机组）监控内容如下：

1）监测水泵运行状态、故障报警、变频器状态及故障状态；

2）地下中水贮水池设置保护水位、恢复水位、报警水位和溢流水位；

3）根据水池液位状态启停水泵和控制自来水补水控制阀。

（7）电梯系统监控

1）电梯运行状态；

2）电梯故障报警；

3）消防停梯控制。

（8）配电设备监测

1）进线电压、电流、功率因数、有功功率、无功功率、电度检测；

2）进线断路器的开关状态及故障状态监视；

3）出线断路器的开关状态及故障状态监视；

4）母联断路器的开关状态及故障状态监视。

11. 在建筑智能化管理系统中温度、压力、流量、液位等仪表回路测试的方法有哪些？

答：仪表系统回路调校的内容如下：

（1）一般规定

1）所有系统在检验前，均要按设计图纸认真检查仪表系统中的仪表设备安装、配管、配线、气源、电源及位号、测量范围、联锁报警值、调节器的正反作用，计量单位是否与设计相符。对于调节阀、开关阀的气源压力、输入倍，定位器的正反作用，变送器的量程（包括迁移），压力开关的设定等关键参数，均依照仪表设备数据表进行核对调整，凡仪表设备铭牌上的这些参数与设计不相符，必须予以更正。

2）检查所有的标准表必须在鉴定合格期内，标准表基本误差的绝对值，不应超过被校回路系统误差的绝对值的 1/3。

3）系统检验应对系统中每台仪表的常用功能（如指示、报警、调节、计算、计数、手动切换等）进行检验，系统校验点一般选择在 0%、50%、100% 三点。

（2）检测系统

由现场仪表输入端按正、反量程加入相当于总量程的 0%、50%、100% 的模拟信号，用数字万用表监视 DCS 的输入值，同时观察操作站的显示值，其误差不得超过系统内所有仪表允许误差的平方和平方根值，若超出该值时，应单独调校系统内的所有仪表，检查线路或管路。

（3）调节系统

由现场仪表的输入端加入模拟信号，用便携式现场校验仪监视 DCS 的输入和输出信号，检查系统的基本误差、比例、积分、微分动作以及自动和手动的双向切换性能。通过 DCS 的操作站，手动给调节阀（或执行机构）输入 4~20mA 电流信号，检查调节阀的动作情况，并进行行程精度检验，同时检查操作站的阀位状态指示与现场实际阀位的开、关指示是否一致。如以上性能指标均符合设计及仪表说明书的要求，该系统为合格。如系统不合格，则必须单独校验系统内所有仪表检查线路或管路。

（4）报警系统

由现场仪表的输入端加入模拟信号（或开关量信号），根据设计数据设定报警值，同时检查 DCS 操作站的声光报警信号是否符合设计要求。如不符合要求应调校系统内所有仪表、电气元件及检查线路或管路。

（5）联锁系统

联锁系统可按联锁检测点分解成单个联锁回路，单个联锁回路的参数设定和试验与上述报警系统的调试基本相同，当单个联锁系统试验合格后，可进行整套联锁系统的联动试验。联动试验的动作及连接开停车系统的联锁接点必须正确可靠。

此外，对于温度、压力、流量、液位等测量仪表，如果具备HART、BRAIN等通信协议，可以通过HART等智能手持终端模拟测量信号实现回路测试。热电偶、热电阻一般使用智能过程校验仪或是专用的信号发生器来实现。

第六节 工程质量问题的分析、预防及处理方法

1. 施工质量问题如何分类及识别？

答：（1）施工质量问题基本概念

1）质量不合格。根据《质量管理体系要求》GB/T 19001—2008的规定，凡工程产品没有满足某个预期使用要求或合理的期望（包括安全性方面）要求，称为质量缺陷。

2）质量问题。凡是工程质量不合格，必须进行返修、加固或报废处理，由此造成直接经济损失低于规定限额的称为质量问题。

3）质量事故。凡是工程质量不合格，必须进行返修、加固或报废处理，由此造成直接经济损在限额以上的称为质量事故。

（2）质量问题分类

由于施工质量问题具有复杂性、严重性、可变性和多发性的特点，所以建设工程施工质量问题的分类有多种分法，通常按以下条件分类。

1）按问题责任分类

① 指导责任。由于工程实施指导或领导失误而造成的质量问题。例如，由于工程复杂，输入了错误指令，导致某些工序质量下降出现的质量问题等。

② 操作责任。在施工过程中，由于实际操作者不按规程和标准实施操作而造成的质量问题。例如，在浇筑混凝土时由于振捣疏忽有漏振情况发生造成混凝土质量不符合规范要求等。

③ 自然灾害。由于突发的自然灾害和不可抗力造成的质量问题。例如地震、台风、暴雨、大洪水等对工程实体造成的损坏。

2）按质量问题产生的原因分类

① 技术原因引发的质量问题。如在工程项目实施中，由于设计、施工技术上的失误而造成的质量问题。

② 管理原因引发的质量问题。如管理上的不完善或失误引发的质量问题。

③ 社会、经济原因引发的质量问题。如经济因素及社会上存在的弊端和不正之风引起建设中错误行为，而导致出现质量问题。

（3）质量问题的识别

根据相关分部分项工程或检验批的质量评定标准和质量验收规范，对相应的施工工作内容进行检验和验收，结合施工过程中的观察和收集的资料以及隐蔽工程验收记录等对需要检查验收的工程内容，与设计要求、规范规定、规程所列标准和要求进行对比，确定质量问题的种类、严重程度和数量，依据国家规范、评定标准的要求进行评判，识别确定质量问题的性质和类别。

2. 给水排水工程设备安装中常见的质量问题有哪些？

答：（1）管道焊接外观质量；

（2）管道在转弯处采用冲压弯头；

（3）管道少支架、管道固定不牢，墙当支架和梁当支架；

（4）管道和支架连接不严密，少管卡；

（5）供暖管道穿墙穿楼板无套管，或套管出墙出楼板不规范，左右不平，上、下不足 20mm，楼板套管内封闭不严，有漏水现象；止水台和套管上口平齐容易渗水；

（6）防腐不良，特别是吊顶、管道井内有锈蚀；

（7）保温外观差，特别是锡箔纸类，保温不到位，有漏保温处，法兰阀门处未保温或部位为整体，不便检修；

（8）管道通过变形缝时未予拉伸，无收缩节；

（9）管道用吊筋，水平刚度差，无防晃动设施（刚性支架），消防喷头处必须有刚性支架；

（10）供暖管道距电缆、桥架近（水平、垂直净距）；

（11）建筑物有设计要求时无等电位连接、连接不齐全；

（12）小管弯管质量差，弯、瘪、卡现象多；

（13）设备防腐不良，有锈蚀现象，地脚螺栓无油脂防腐保护，有锈蚀检修不便；

（14）设备管道在转弯处无支架或支架不居中；

（15）设备管道无标志牌；

（16）设备安装未悬挂标志牌，二台以上者无编号；

（17）给水（生活水）、喷淋管道采用焊接接头，污染水质、易堵塞头，焊接接头未进行二次镀锌；

（18）需做保温的管道未保温，如经常接触室外的上水管道，易冻结；

（19）消防喷头在管道安装后和吊顶安装后没有进行调整，喷头不起作用或不完全起作用，有的喷湿电缆和电缆桥架；消防管道要用镀锌钢管，连接为丝接、法兰、卡箍连接，当管径大于100mm时，可用普通钢管，接头用焊接，但要在报警阀前做过滤器（隔离网）；

（20）各类给水排水管道通过（平行或交叉）电缆桥架时无防水措施；

（21）管道井未按要求隔层封闭，或封闭不严（管道穿楼板处）；

（22）消防箱存在的问题为出水口位置不符合要求，快速插头插不上；高度不符合要求，门的开启方向不符合要求，消防箱无明显标志；

（23）插入大便器管道开关无空气隔断（除污器）；

（24）连接螺栓（管道、阀门、法兰盘）露头过长，不平齐，有长有短，且方向不一，防腐处理不良，有锈蚀；

（25）水箱、清水口管道直接插入地漏内；

（26）地漏水封深度不足 50mm，为浅水封；

（27）瓷质卫生器（洗手盆等）和支架连接不牢，有的无橡胶垫，易损坏，坐便器安装螺栓有问题；

（28）阀门、开关的开工不灵，拧不动，有渗水；

（29）洗手盆下水管无存水弯；下水管和排水管连接处不严密，无密封胶，支架防腐不良；

（30）铝塑复合管应用问题多，管材质差，变形大，观感差，接头处易发生渗漏。

3. 电气设施安装工程设备安装中常见的质量问题有哪些？

答：（1）变配电室主要问题

1）高低压电柜和裸露母线上方有灯具；

2）裸露母线等带电设施距地小于 2.5m 无防护；

3）配电室内，特别是配电柜和裸露母线上方有水管道通过；

4）配电室内无防水设施，出入门无挡鼠板，或挡鼠板高度不符合要求（包铁皮高度不小于 70cm）；

5）配电室进出门非外开门，隔墙门非自由门，门的防火等级不符合要求；

6）配电室长度大于 7m 时无两个出口；配电屏前后宽度不符合要求；配电装置长度大于 6m，后通道无两个出口；低压配电装置两个出口间距大于 15m 时无再增加出口；

7）配电室为金属门窗时，无接地保护，金属门栓和门框间无跨接；

8）电缆沟内无支架，电缆拖地，电缆沟无排水、防水措施，电缆沟内有积水，电缆沟和室外无封闭或封闭不严；沟盖板安装不平整、不牢固、缝大、观感差；

9）变压器周围墙和上下板孔洞未堵塞，或封堵不严；

10）电缆沟和桥架内电缆排列无序有铰接现象，电缆容量过大，电缆面积大于桥架净截面积40%；进出口处、转角处、分支处无标牌，电缆未按要求固定，特别是垂直电缆，固定点的距离大于1.0～1.5m。固定节点固定不牢固，不符合要求；穿越墙（变形缝）、楼板处无封堵（桥架内）；

11）变压室内封闭不严、灰尘多、环境卫生不良，影响设备正常运转；

12）变电室纱窗质量不符合要求，为塑料编织，非钢丝编织；

13）配电室内装饰工程质量不精，墙面、地面、顶棚等质量问题多，特别是墙面、地面空鼓、开裂多，电缆沟盖板问题多，达不到合格工程的要求；

14）配电室无接地电阻测试点；

15）金属支架无接地，或接地不良；

16）配电柜安装不精细，垂直度等超过允许偏差，柜面防腐层破损。

（2）电缆桥架安装

1）桥架内高压线缆和弱电电缆共用一个桥架；

2）桥架内电缆过多，超过截面积的40%——电力电缆，超过截面积的50%——控制电缆；

3）桥架内电缆无标志（出入口、转角处和分支处）；

4）桥架内电缆固定不牢固。有的无固定（特别是垂直桥架内）；

5）桥架内电缆排列无序，且有铰接现象；

6）非镀锌钢板桥架连接接头处无跨接，或跨接不良、观感差；

7）桥架和配电箱、盘、柜等无跨接接地，桥架支架接地数量不足2处；

8）桥架板防腐处理不良，有锈蚀，观感不良；

9）桥架板连接处螺栓螺母在内侧；

10）桥架板连接处，镀锌钢板没有防松螺帽或垫圈，不符合要求；

11）桥架支架距离长（1.5~3m），非一节 2 支架，有变形，吊筋多，少固定支架，不能承受水平力；桥架直线长度大于 30m（钢，铝为 15m）时无伸缩节；

12）桥架、电缆跨越变形缝无补偿措施；

13）桥架和其他管道，特别是暖气管、空调管净距过近，不符合要求；一般管道 0.4m（平行），0.3m（交叉）；保温热力管道 0.5m（平行），0.3m（交叉）；非保温热力管道 1.0m（平行），0.5m（交叉）。

（3）配电箱、配电盘、配电

1）箱体内配线不整齐，有铰接现象，导线有接头，同一垫圈下两侧的导线截面积不相同，同一接线端子导线连接多于 2 根，防松垫圈不齐全，零线、地线接地不明显；

2）配电箱接地不全，门箱跨接非金属编织袋，接地有串接现象；

3）漏电保护器不灵敏，动作时间大于 0.1s；

4）配电箱内导线分色不符合要求；

5）配电箱容积小，电缆、设备距离太近，不符合要求，该走盘后的电缆设在盘前，盘面拥挤；

6）套管有的不进箱，有的进箱大于 5mm，管口粗糙且无护口，套管进箱不垂直；

7）箱内不清洁，有杂物，箱体防腐不良，有锈蚀；

8）配电箱盘距地面高度不符合要求，距地面小于 1.5m；照明配电盘距地小于 1.8m；安装垂直度偏差＞1.5％；

9）箱内标识器件无名称及编号，接线端子不编号，电缆无标志，无回路图（线路图）。

（4）套管、配线

1）导线颜色不符合要求（相线黄、绿、红，零线浅蓝，接地黄绿相间）；

2）管内导线过多，导线截面积大于管内径面积 40％，同一管内导线根数多于 8 根；

3）该用厚壁钢管（壁厚＞1.5mm）而用薄壁钢管；

4）钢管连接采用熔焊（对接焊）连接，薄壁钢套管连接接头采用熔焊连接；

5）钢套管连接（铰接）无跨接；

6）金属软管在吊顶内大于1.2m，和设备连接大于0.8m；

7）在吊顶内套管为塑料套管，钢管固定不牢或无固定；

8）金属软管、薄壁钢管进入结构物中；

9）钢管和金属软管进箱无跨接；

10）金属软管和可挠金属管用在非末端；

11）套管在吊顶内，木搁栅内和接线盒、灯具、开关、插座连接不牢靠，不到位；

12）多股导线接头无烫锡；接头连接无绝缘胶带绑扎；

13）套管、配线跨越变形缝时无补偿措施；

14）导缆井内楼板各层未封闭，或封闭不严，穿板套管封闭不严；封闭材料不符合要求，不防火；

15）电缆与热力管道和易燃易爆气体管道净距离不符合要求；

16）电缆的首端、末端及分支处无标志牌，可挠金属管道和其他柔性导管与刚性导管或电气设备、器具间的连接未采用专用接头，连接不牢固；

17）电缆沟、井内电缆支架、导管无可靠接地。

4. 普通灯具、开关和插座安装中常见的质量问题有哪些？

答：（1）普通灯具安装

1）灯具重量大于3kg时无螺栓或预埋件固定，吊在吊顶龙骨上；重量大于5kg灯具未做2倍超载试验；

2）灯具距地面小于2.4m时，灯具中可接近的裸露导体无可靠接地（PE）或接零（PEN）、无专用螺栓且无标志；

3）软线吊灯的软线两端无保护扣，无烫锡；

4）成排灯具排列不顺直；

5）吸顶白炽灯无防护措施。

（2）开关、插座安装

1）插座高度距地面不满足 0.3m 的要求，施工时不是按地面面层测量，而是按结构层；幼儿园、小学不小于 1.8m（非安全插座）；

2）同一场所内插座高度不一致，相差大于 5mm；

3）暗装插座无用专用盒，盖板不端正，不紧贴墙面；

4）潮湿场所（卫生间、厨房等处）未采用密封性防水防溅插座（阳台改厨房）。

5. 施工质量问题产生的原因有哪些方面？

答：施工质量问题产生的原因大致可以分为以下四类：

（1）技术原因

由于工程项目设计、施工技术上的失误所造成的质量问题。例如，安装工程设计时由于相关资料的不准确、不完整，以至于设计与工程实际情况差异较大，施工单位准备采用的施工方法和手段不能正常采用和发挥作用等。

（2）管理原因

由于管理上的不完善和疏忽造成的工程质量问题。例如，施工单位或监理单位质量管理体系不完善，检验制度不严密，质量控制不严格，质量管理措施落实不力，检测仪器管理不善而失准，以及材料检验不严格等原因引起的质量问题。

（3）社会、经济原因

由于经济因素及社会上存在的弊端和不正之风，造成建设中的错误行为，而导致出现质量问题。例如，施工企业采取了恶性竞争手段以不合理的低价中标，项目实施中为了减少损失或赢得高额利润而采取的不正当手段组织施工，如降低材料质量等级、偷工减料等原因造成工程质量达不到设计要求等。

（4）人为的原因和自然灾害原因

由于人为的设备事故、安全事故，导致连带发生质量问题，以及严重的自然灾害等不可抗力造成的质量问题。如突发风暴、特大洪水引起的工程质量问题等。

6. 施工质量问题处理的程序和方法各是什么？

答：（1）施工质量问题处理的一般程序

施工质量问题处理的一般程序为：

发生质量问题→问题调查→原因分析→处理方案→设计施工→检查验收→结论→提交处理报告。

（2）施工质量问题处理的方法

1）施工质量问题发生后，施工项目负责人应按规定的时间和程序，及时向企业报告状况，积极组织调查。调查应力求及时、客观、全面，以便为分析处理问题提供正确的依据。要将调查结果整理撰写为调查报告，其主要内容包括：工程概况；问题概括；问题发生时所采取的临时防护措施；调查中的有关数据、资料；问题原因分析与初步判断；问题处理的建议方案与措施；问题涉及人员与主要责任者的情况等。

2）施工质量问题的原因分析要建立在调查的基础上，避免情况不明就主观推断原因。特别是对涉及勘察、设计、施工、材料和管理等方面的质量问题，往往原因错综复杂，因此，必须对调查所得到的数据、资料进行仔细的分析，去伪存真，找出主要原因。

3）处理方案要建立在原因分析的基础上，并广泛听取专家及有关方面的意见，经科学论证，决定是否进行处理和怎样处理。在制定处理方案时，应做到安全可靠，技术可行，不留隐患，经济合理，具有可操作性，满足建筑功能和使用要求。

（3）施工质量问题处理的鉴定验收

质量问题的处理是否达到预期的目的，是否依然存在隐患，应当通过检查鉴定作出确认。质量问题处理的质量检查鉴定，应严格按施工质量验收规范和相关的质量标准的规定进行，必要时还要通过实际测量、试验和仪器检测等方面获得必要的数据，以便正确地对事故处理结果作出鉴定。此外需要强调的是施工质量问题处理中应注意的价格问题。

第四章 专业技能

第一节 编制施工组织设计、专项施工方案

1. 怎样确定分部工程的施工起点流向？

答：施工起点流向指平面或竖向空间开始施工的部位及其流动方向。它决定了施工段的施工顺序。确定施工起点流向时应考虑以下因素：

(1) 建设单位的要求；

(2) 施工的繁简程度；

(3) 施工方便，构造合理；

(4) 保证工期和质量。

2. 怎样进行主要施工机械质量控制？怎样进行施工机械的布置？

答：(1) 施工机械设备质量控制

1) 机械设备的选型；

2) 主要性能参数指标的确定；

3) 机械设备制作标准；

4) 使用操作要求；

5) 机械设备输送特点。

(2) 施工机械的布置

随着现代施工技术的发展，工程施工的机械化程度越来越高，使用的机械种类也越来越多，因此，在施工中如何合理地进行布置，对充分发挥机械效率，提高劳动生产率，实现现场安全、文明施工有重要意义。

172

施工中所使用的机械设备，有许多是局部或某些施工过程中所使用的，它们具有小型、灵便、可随时移动操作位置等特点，如电焊机、切割机、空压机等。而有些全场性的机械设备，如垂直运输机械，混凝搅拌站，施工电梯等，这些机械布置的位置要固定，在整个工程施工期占用一定的场地，并对施工的进程起重要作用。

1）起重机械的布置

现场的起重机械有塔吊、履带吊起重机、井架、龙门架、平台式起重机等。它的位置直接影响仓库、料堆、砂浆和混凝土搅拌站的位置，以及场地道路和水电管网的位置等，因此要首先予以考虑。

塔式起重机的布置要结合建筑物的平面形状和四周场地条件综合考虑。轨道式塔吊一般应在场地较宽的一面沿建筑物的长度方向布置，以充分发挥其效率。根据工程具体情况，还可布置成双侧布置或跨内布置。塔轨路基必须坚实可靠，两旁应设排水沟，在满足使用的条件下，要缩短塔轨的长度，同时还要注意安塔、拆塔是否有足够的场地。

塔吊单侧布置时，其回转半径应满足下式要求：

$$R \geqslant B + D$$

式中　R——塔吊的最大回转半径（m）；

　　　B——建筑平面的最大宽度（m）；

　　　D——轨道中心线与外墙边线的距离（m）。

轨道中心线与外墙边线的距离取决于凸出墙的雨篷、阳台以及脚手架尺寸，还取决于所选择塔吊的有关技术参数（如轨距等），吊装构件的重量和位置。塔吊的布置要尽量使建筑物处于其回转半径覆盖之下，并尽可能地覆盖最大面积的施工现场，使起重机能将材料、构件运至施工的各个地点，避免出现"死角"。

在高空有高压电线通过时，高压线必须高出起重机，并保证规定的安全距离，否则应采取安全防护措施。

布置固定式垂直运输设备（如井架、龙门架、桅杆、固定式塔吊）的位置时，主要根据机械性能，建筑物平面形状和大小，施工段划分的情况，起重高度，材料和构件的重量及运输道路的情况等而定。力求做到使用方便、安全，便于组织流水施工，便于楼层和地面运输，并使其运距较短。

2）施工电梯

当进行高层建筑施工时，为方便施工人员的上下及携带工具和运送少量材料，一般需设施工电梯。施工电梯的基础及与建筑物的连接基本可按固定式塔吊设置。与塔吊相比，施工电梯是一种辅助性垂直运输机械，布置时主要依附于主楼结构，宜布置在窗口处，并且易进行基础处理。

3. 怎样绘制分部工程施工现场平面图？

答：（1）施工总平面布置的原则：

1）在满足施工需要前提下，尽量减少施工用地，不占或少占农田，施工现场布置要紧凑合理。

2）合理布置起重机械和各项施工设施，科学规划施工道路，尽量降低运输费用。

3）科学确定施工区域和场地面积，尽量减少专业工种之间交叉作业。

4）尽量利用永久性建筑物、构筑物或现有设施为施工服务，降低施工设施建造费用，尽量采用装配式施工设施，提高其安装速度。

5）各项施工设施布置都要满足：有利生产、方便生活、安全防火和环境保护要求。

（2）施工总平面布置依据：

1）建设项目建筑总平面图、竖向布置图和地下设施布置图。

2）建设项目施工部署和主要建筑物施工方案。

3）建设项目施工总进度计划、施工总质量计划和施工总成本计划。

4）建设项目施工总资源计划和施工设施计划。

5）建设项目施工用地范围和水电源位置，以及项目安全施工和防火标准。

（3）施工平面图包括的内容：

1）建设项目施工用地范围内地形和等高线；全部地上、地下已有和拟建的建筑物、构筑物及其他设施位置和尺寸。

2）全部拟建的建筑物、构筑物和其他基础设施的坐标网。

3）为整个建设项目施工服务的施工设施布置，它包括生产性施工设施和生活性施工设施两类。

4）建设项目施工必备的安全、防火和环境保护设施布置。

（4）施工平面图设计的步骤：

1）当大宗施工物资由公路运来时，必须解决好现场大型仓库、加工场与公路之间相互关系；当大宗施工物资由水路运来时，必须解决如何利用原有码头和是否增设新码头，以及大型仓库和加工场同码头关系问题。

2）确定仓库和堆场位置当采用铁路运输大宗施工物资时，中心仓库尽可能沿铁路专用线布置，并且在仓库前留有足够的装卸前线，否则要在铁路线附近设置转运仓库，而且该仓库要设置在工地同侧。当采用公路运输大宗施工物资时，中心仓库可布置在工地中心区或靠近使用地方，如不可能这样做时，也可将其布置在工地入口处。大宗地方材料的堆场或仓库，可布置在相应的搅拌站、预制场或加工场附近。当采用水路运输大宗施工物资时，要在码头附近设置转运仓库。工业项目的重型工艺设备，尽可能运至车间附近的设备组装场停放，普通工艺设备可放在车间外围或其他空地上。

3）各种加工场的布置均应以方便生产、安全防火、环境保护和运输费用少为原则。通常加工场宜集中布置在工地边缘处，并且将其与相应仓库或堆场布置在同一地区。

4）确定场内运输道路位置根据施工项目及其与堆场、仓库或加工场相应位置，认真研究它们之间物资转运路径和转运量，区分场内运输道路主次关系，优化确定场内运输道路主次和相互位置；要尽可能利用原有或拟建的永久道路；合理安排施工道路与场内地下管网间的施工顺序，保证场内运输道路时刻畅通；要科学确定场内运输道路宽度，合理选择运输道路的路面结构。

（5）确定生活性施工设施位置。全工地性的行政管理用房屋宜设在工地入口处，以便加强对外联系，当然也可以布置在比较中心地带，这样便于加强工地管理。工人居住用房屋宜布置在工地外围或其边缘处。文化福利用房屋最好设置在工人集中地方，或者工人必经之路附近的地方。生活性施工设施尽可能利用建设单位生活基地或其他永久性建筑物，其不足部分再按计划建造。

（6）确定水电管网和动力设施位置。根据施工现场具体条件，首先要确定水源和电源类型和供应量，然后确定引入现场后的主干管（线）和支干管（线）供应量和平面布置形式。根据建设项目规模大小，还要设置消防站、消防通道和消火栓。

（7）评价施工总平面图指标。为了从几个可行的施工总平面图方案中，选择出一个最优方案，通常采用的评价指标有：施工占地总面积、土地利用率、施工设施建造费用、施工道路总长度和施工管网总长度。并在分析计算基础上，对每个可行方案进行综合评价。

4. 建筑给水排水工程的专项施工方案包括哪些内容？

答：（1）工程概况。

某车间给排水工程，包括厂区内生产给回水、生活给水、循环水、生活生产污水、雨水等系统的地下管道。

管道材质主要包括：聚氯乙烯双壁波纹管、焊接钢管、塑料管等。编制依据有：

《工业金属管道工程施工规范》GB 50235—2010。

《现场设备、工业管道焊接工程施工规范》GB 50236—2011。

《给水排水管道工程施工及验收规范》GB 50268—2008。

《工业设备、管道防腐蚀工程施工及验收规范》HGJ 229—1991。

《工业金属管道工程施工质量验收规范》GB 50184—2011。

《建筑给水排水及采暖工程施工质量验收规范》GB 50242—2002。

(2) 施工准备。

1) 进行施工技术交底，明确施工技术要求。

2) 物资部门应根据工程材料预算及时落实采购意向，并在开工前，将所需材料（设备）提前供应到施工现场，施工用主要材料、设备及制品，应符合国家及部颁现行标准的技术质量鉴定文件或产品合格证。

3) 根据设计要求，加工好预埋件，以便配合土建进度及时搞好预埋。

4) 熟悉施工现场，落实好施工机具、力量、材料、用水、用电和施工现场消防设施，保证正常施工。

(3) 施工技术要求及工程特点。

本工程给水排水管道安装严格按照《给水排水管道工程施工及验收规范》GB 50268—2008 和《工业金属管道工程施工规范》GB 50235—2010 进行施工及验收。同时，还应符合设计和使用要求，严格按图及国家有关标准图册施工，若需变更，必须经甲方代表、设计方许可，凭变更联系单、变更图纸方可施工。

工程特点：

1) 管线管道规格多，有圆管，矩形管等，在施工中要认真审核图纸，并根据图纸的技术要求进行制作与安装。

2) 工期短，工程量大，部分管道安装需与土建、结构施工穿插进行，因而在制作时应根据现场土建结构施工进度，来编排制作组队安装计划，以确保工序间协调，防止因工序不合理造成施工机具浪费及影响施工进度。

3) 管线安装高度比较高，因而在施工中必须做好施工安全防护措施。

4）由于管线大部分在厂房外或房顶屋架等布置，因而管线的吊装基本采用可移动起重设备，在选择使用起重设备（履带吊及汽车吊）时，应根据施工现场周围环境、管道重量安装高度、位置及吊车站位地基情况来正确选用。

5）由于管径大，运输受到限制，因而采取制作场卷制，现场组对安装，相应增大施工现场的工作量。

（4）管道安装及防腐。

1）管道及组成件必须具有制造厂的质量证明书，并符合国家标准的规定。

2）管材、管件均应有出厂合格证，出库到现场使用前应按设计要求核对其规格、材质，并应进行外观检查，其外观符合下列条款要求：

① 无裂纹、缩孔、夹渣、重皮等缺陷。

② 不超过壁厚偏差的锈蚀和凹陷。

③ 管道在运输过程中要小心谨慎，采取措施保证管道不致受损。

④ 阀门必须有合格证，安装应检查填料，其压盖螺栓需有足够的调节余量。

3）管道安装程序：采取分段开挖、分段安装、分段回填的顺序进行，根据实际情况进行合理安排。

① 如管沟穿越公路（包括施工的临时道路）或影响到其他工程施工时，可以先进行管沟回埋，但焊缝处应留出不能回埋。

② 管道穿越铁路时采取顶管通过，然后抓紧时间进行安装焊接。排水管道穿越热力管沟，电缆沟时应设塑料套管并与土建，电气，热力专业密切配合施工。

③ 因现场条件影响无法完成管道连通时，应在各分段两端用盲板堵死，逐个按《工业金属管道工程施工规范》GB 50235—2010进行水压试验，合格后方可进行回埋，并在管道两段作出醒目的标志，以备日后管道连通时方便查找。

④ 如有临时变动事宜联系甲方及设计院共同协商解决。

4）预制管安装与铺设：

① 管道和管件吊装应采用钢丝绳，吊装时应加衬草袋或交办护管道表面，装放时应垫稳、绑牢、不得相互撞击；接口及钢管的内外防腐层应采取保护措施。

② 管道及管件堆放宜选择使用方便、平整、坚实的场地；按照安装使用顺序堆放，堆放时必须垫稳，堆放层高应符合规范要求。使用管件必须自上而下依次搬运。

③ 起重机下管时，起重机架设的位置不得影响沟槽边坡的稳定，应留一定距离，保证作业安全；起重机在高压输电线路附近作业与线路间的安全距离应符合电业管理部门的规定。

④ 管道应在沟槽地基、管基质量检验合格后安装，对于承插接口的管道安装时宜自下游开始，承口朝向施工前进的方向。

⑤ 管件下入沟槽，不得与槽壁支撑及槽下的管道相互碰撞。

⑥ 管道安装时，应随时清扫管道中的杂物，给水管道暂停安装时，两端应临时封堵。

5）管道连接：焊接钢管 $DN \leqslant 50mm$ 均采用丝扣连接，$DN > 50mm$ 均采用焊接。

6）管道防腐施工应按照设计规定和有关规范的要求进行。

7）防腐不得在雨、雾、湿度大于 85％ 或 5 级以上大风中露天施工。

8）明设钢管除锈后，刷两道防锈漆，再刷两道调和漆，埋地钢管做正常防腐层，有地下水做加强防腐层。施工应符合下列规定：

① 涂底漆前管子表面应清除油垢、灰渣、铁锈、氧化铁皮，采用砂轮机除锈。

② 管道防腐根据施工需要施工前集中安排进行。涂底漆时基面应干燥，基面除锈后与涂底漆的间隔时间不得超过 8h 防腐层应涂刷均匀、饱满，玻璃丝布包裹紧密，不得有凝块起泡现象。管端 150～250mm 范围内不得涂刷，待管道安装试压合格

后进行局部防腐补口补伤处理。

（5）管沟开挖。

1）管沟开挖前，应预先了解地下障碍物（如原有电缆及临时施工临时电缆、原有管道等）的分布情况，以免施工时遭到破坏。

2）管沟开挖前测量放线，测量人员根据甲方提供的现场标准水准点和轴线控制点、根据管沟开挖先后顺序进行测量放线。

3）主要、主干管道管沟开挖采用反铲挖掘机施工，修整及清理部分采用人工挖土，部分零星管道采用人工开挖的方法。

4）机械挖土时，沟底应留出 200～300mm 的土层作为清沟余量，铺管前必须用人工清理至设计标高，以防止超挖槽底基础扰动。

（6）阀门安装。

1）外观检查，仔细检查阀门的法兰接合面、焊接端、螺纹面及阀体各部分有无缺陷，如：碰撞损坏、砂眼、裂纹、凹坑和其他影响质量的缺陷。经外观检查合格的阀门方可进行安装。不合格阀门通知供应部门退回供方。

2）法兰或螺纹连接的阀门应在关闭状态下安装。

3）安装阀门前，应按设计核对型号、材质、规格，并按介质流向确定安装方向。

4）安装后，应在阀杆上涂以润滑油。

（7）焊接。

1）参加管道焊接人员，应是持经技术监督局考试相应项目合格的焊工担任。

2）具体的焊接方法应根据设计要求进行。

3）管口对接错边要求。

① 壁厚相同的管子、管件组对时，其内壁应做到平齐，内壁错边量不宜超过壁厚的 10%，且不大于 2mm。

② 不同壁厚的管子、管件组对时，当内壁错边量超过上述

规定时留下空隙加固 100mm，宽或错边量大于 3mm 时，应按要求所规定形式进行加工。

③ 坡口表面及其内外侧不小于 10mm 范围内应无油、无漆、无尘、无锈，不得有裂纹、夹层等缺陷。

4）管道对接时，环向焊缝的检验及质量应符合下列规定：

① 检查前应清除焊缝的渣皮、飞溅物；

② 应在油渗、水压试验前进行外观检查；

③ 管径大于等于 800mm 时，焊口应进行油渗检验，不合格的焊缝应铲除重焊。

（8）管道水压试验。

1）给水管道全部回填土前应进行强度及严密性试验，管道强度及严密性试验应采用水压试验。按《工业金属管道工程施工规范》GB 50235—2010 进行水压试验。

2）管道水压试验的分段长度根据实际情况决定。

3）管道水压试验时，当 $DN \geqslant 600mm$ 时，试验管段端部的封堵应采取增加临时缩口管段的方法，保证试压强度。

4）管道水压试验前应符合下列规定：

① 管道安装检查合格，方可按规定回填土；

② 试验管段所有敞口应堵严，不得有渗水现象；

③ 试验管段不得采用闸阀作堵板，不得有消火栓、水炮等附件，应从试压系统暂时隔离。

④ 试验用压力表已经校验，且在周检期内，精度不低于 1.5 级，表的满刻度值宜为试验压力的 1.3～1.5 倍，同一试压管线压力表不少于 2 块。

⑤ 管道灌水应从下游缓慢灌入。灌水时，在试验管段的上游管顶及管段的凸起点应设排气阀，将管道内的气体排出。

⑥ 试验管段灌满水后，宜在不大于工作压力条件，充分浸泡 24h 后再进行试压。

5）管道水压试验时，应符合下列规定：

① 管道升压时，管道的气体应排除，升压过程中，当发现

压力表针摆动不稳且升压较慢时,应重新排气后再升压。

②应分级升压,每升一级应检查接口,当发现无异常情况时,再继续升压。

③水压试验时,严禁对管身、接口进行敲打或修补缺陷,遇到缺陷时,应作出标记,卸压后修补。

④水压试验过程中,管道两端严禁站人。

⑤水压升至试验压力后,保持恒压10min,检查接口、管身无破损及漏水现象时,管道强度试验为合格。

⑥管道严密性试验,应按放水法或注水法试验进行。

⑦管道严密性试验时,不得有漏水现象,且符合下列要求,严密性试验为合格。

⑧实测渗水量小于或等于规定要求允许的渗水量。

⑨管道内径小于或等于400mm,且长度小于或等于1km的管道,在试验压力下,10min降压不大于0.05MPa时,可认为严密性试验合格。

⑩污水、雨水排水管道回填土前应采用闭水法进行严密性试验。

6)管道闭水试验时,试验管段应符合下列规定:

①管道及检查井外观质量已验收合格。

②管道未回填土,且沟槽内无积水。

③全部预留孔应封堵,不得渗水。

④管道两端堵板承载力经核算应大于水压力的合力,除预留进出水管外,应封堵坚固,不得渗水。

⑤试验管段应按井距分隔,长度不宜大于1km,带井试验。

⑥管道闭水试验应按规范要求的闭水法试验进行。

⑦管道严密性试验时,应进行外观检查,不得有漏水现象,且符合规范要求时,管道严密性试验为合格。

7)给水管水冲洗:

①水冲洗的排放管应接入可靠的排水井或沟中,并保证排泄畅通和安全,排放管的截面不应小于被冲洗管截面的60%。

② 冲洗用水为洁净水。

③ 水冲洗应连续进行，最终以出口的水色和透明度与入口处目测一致为合格。

④ 冲洗时应保证排水管路畅通安全。

⑤ 管道冲洗合格后，应将水排尽，排到指定地点。

（9）管沟回填。

1）地下管道施工完毕并经检验合格后，沟槽应及时回填，回填采用人工回填并分层夯实。

2）回填前，首先检查如下项目，合格后方可施工。

① 给水管经试压验收合格、排水管经闭水试验验收合格，根据施工顺序可采用分段试压回填方法。

② 现场浇筑的混凝土基础强度达到 75％以上。

③ 混凝土接口符合要求。

④ 防腐管道补伤补口合格。

3）回填土应符合下列规定。

① 沟槽底部至管顶以上 50cm 范围内，无有机物、冻土以及大于 50mm 的砖、石等硬块；绝缘管道周围，可采用细粒土回填。

② 回填土采用人工回填，蛙式夯分层夯实，其每层虚铺厚度应控制在 20～30cm 范围之内，其压实系数应＞90％。

4）检查井、雨水口及其他井室周围回填时应符合如下规定：

① 路面范围内的井室周围，应采用石土、砂砾等材料回填，其宽度不小于 40mm。

② 井室周围的回填，应与管道沟槽的回填同时进行，当不便同时进行时，应留台阶形接茬。

③ 井室周围回填压实时应沿井室中心对称进行，且不得漏夯；回填材料压实后应与井壁紧贴。

（10）质量保证措施。

1）严格按照公司 ISO9002 标准质量体系进行。

2）在项目经理领导下，建立以项目施工和项目工程师为首的各级质量保证安全体系。

3）施工时突出关键工序、部位的质量管理，协调各专业间关系，确保工程优良。

4）做好并保存有关施工质量的原始记录，分类清楚，资料完整。

5）严把原材料、半成品、成品关，所有施工材料必须有合格证，严禁不合格和无合格证材料进入施工现场。

6）实行质量层层负责制，每一环节都设置专人把好质量关，上道工序不合格不得进行下道工序。

7）施工班组做好自检工作，自检合格后进行互检。

8）做好工程隐蔽前各项工作，及时组织甲方、监理、施工单位三方进行隐蔽检查。

9）认真做好施工记录，并与施工同步。

10）施工过程中，认真听取业主及监理公司的意见，并积极配合，以保证工程的顺利进行。

（11）安全保证措施及文明施工。

5. 工地重大危险源有哪些？

答：工地重大危险源清单包括：

高处作业；"四口"、"五临边"未按要求装设防护栏，无明显警示标志，"四口"指楼梯口、电梯井口、预留洞口、通道口；"五临边"防护即：在建工程的楼面临边、屋面临边、阳台临边、升降口临边、基坑临边；不戴安全帽、不系安全带或不正确使用；平台走道脚手架堆放物体超载；雷雨天、台风等恶劣天气室外高处作业；未经批准拆除安全防护设施；高空坠物；交叉作业时设备材料工器具无防坠措施；脚手架搭设及拆除时脚手架搭设不合格、违章操作、作业人员安全防护用品佩带不齐全；起重作业中有违章行为、钢丝断股；危险化学品泄漏、危险化学品混放；木工作业时电源线路短路，作业现场有吸烟、动火；食堂就餐时食物中毒；施工设备工具使用时操作失误、无防护；施工用电中带电作业人员没有使用防护保用品；电源线绝缘皮破损、未实行"一机一闸一漏电"规定等。

6. 危险性较大的分包分项工程专项方案包括哪些内容？

答：所称危险性较大的分部分项工程是指建筑工程在施工过程中存在的、可能导致作业人员群死群伤或造成重大不良社会影响的分部分项工程。危险性较大的分部分项工程安全专项施工方案（以下简称"专项方案"）是指施工单位在编制施工组织（总）设计的基础上，针对危险性较大的分部分项工程单独编制的安全技术措施专项方案，主要应包括以下内容。

（1）工程概况：危险性较大的分部分项工程概况、施工平面布置、施工要求和技术保证条件。

（2）编制依据：所依据的法律、法规、规范性文件、标准、规范的目录或条文，以及施工组织（总）设计、勘察设计、图纸等技术文件名称。

（3）施工计划：包括施工进度计划、材料与设备计划。

（4）施工工艺：技术参数、工艺流程、施工方法、检查验收等。

（5）施工安全保证措施：组织保障、技术措施、应急预案、监测监控等。

（6）劳动力组织：专职安全生产管理人员、特种作业人员等。

（7）计算书及相关图纸、图示。

第二节　评价材料、设备的质量

1. 检查评价常用的各类金属、非金属管材和成品风管质量时的常规要求有哪些？

答：对风管制作质量的验收，应按其材料、系统类别和使用场所的不同分别进行，主要包括风管的材质、规格、强度、严密性与成品外现质量等项内容。

（1）风管制作质量的验收，按设计图纸与本规范的规定执行。工程中所选用的外购风管，还必须提供相应的产品合格证明文件或进行强度和严密性的验证，符合要求的方可使用。

（2）通风管道规格的验收，风管以外径或外边长为准，风道以内径或内边长为准。通风管道的规格宜按照设计或规范的规定。圆形风管应优先采用基本系列。非规则椭圆形风管参照矩形风管，并以长任平面边长及短径尺寸为准。

（3）镀锌钢板及各类含有复合保护层的钢板，应采用咬口连接或铆接，不得采用影响其保护层防腐性能的焊接连接方法。

（4）风管的密封，应以板材连接的密封为主，可采用密封胶嵌缝和其他方法密封。密封胶性能应符合使用环境的要求，密封面宜设在风管的正压侧。

2. 检查评价常用的各类金属、非金属管材和成品风管质量时的主控项目有哪些？

答：（1）金属管：

金属风管的材料品种、规格、性能与厚度等应符合设计和现行国家产品标准的规定。当设计无规定时，应按《通风与空调工程施工质量验收规范》GB 50243—2002 执行。钢板、镀锌钢板或不锈钢板的厚度不得小于设计要求的厚度。

检查数量：按材料与风管加工批数量抽查 10%，不得少于5件。

检查方法：查验材料质量合格证明文件、性能检测报告，尺量、观察检查。

（2）非金属管：

非金属管的材料品种、规格、性能与厚度等应符合设计和现行国家产品标准的规定。当设计无规定时，应按国标 GB 50243—2002 执行。硬聚氯乙烯风管板材的厚度、有机玻璃钢风管板材的厚度、无机玻璃钢风管板材的厚度不得小于设计要求的规定；其表面不得出现返卤或严重泛霜，用于高压风管系统的非金属管厚度应按设计规定。

检查数量：接材料与风管加工批数量抽查10％，不得少于5件。

检查方法：查验材料质量合格证明文件、性能检测报告，尺量、观察检查。

（3）辅材：

防火风管的本体、框架与固定材料、密封垫料必须为不燃材料．其耐火等级应符合设计的规定。

检查数量：按材料与风管加工批数量抽查10％，不应少于5件。

检查方法：查验材料质量合格证明文件、性能检测报告．观察检查与点燃试验。

（4）复合材料风管：

复合材料风管的覆面材料必须为不燃材料，内部的绝热材料应为不燃或难燃B1级，且对人体无害的材料。

检查数量：按材料与风管加工批数量抽查10％，不应少于5件。

检查方法：查验材料质量合格证明文件、性能检测报告，观察检查与点燃试验。

（5）风管的强度和密封性要求：

风管必须通过工艺性的检测或验证，其强度和严密性要求应符合设计或下列规定：

1）风管的强度应能满足在1.5倍工作压力下接缝处无开裂。

2）低压、中压圆形金属风管、复合材料风管以及采用非法兰形式的非金庸风管的允许漏风量，应为短形风管规定值的50％。

3）砖、混凝土风道的允许漏风量不应大于矩形低压系统风管规定值的1.5倍。

4）排烟、除尘、低温送风系统按中压系统风管的规定，1～

5 级净化空调系统按高压系统风管的规定。

检查数量：按风管系统的类别和材质分别抽查，不得少于 3 件及 15m²。

检查方法：检查产品合格证明文件和测试报告，或进行风管强度和漏风量测试。

（6）金属风管的连接：

金属风管的连接应符合下列规定：

1）风管板材拼接的咬口缝应错开，不得有十字形拼接缝。

2）金属风管法兰材料规格不应小于国标 GB 50243—2002 表 4.2.6-1 或表 4.2.6-2 的规定。中、低压系统风管法兰的螺栓及铆钉孔的孔距不得大于 150mm；高压系统风管不得大于 100mm。矩形风管法兰的四角部位应设有螺孔。

当采用加固方法提高了风管法兰部位的强度时，其法兰材料规格相应的使用条件可适当放宽，无法兰连接风管的薄钢板法兰高度应参照金属法兰风管的规定执行。

检查数量：按加工批数量抽查 5%，不得少于 5 件。

检查方法：尺量、观察检查。

（7）非金属（硬聚氯乙烯、有机、无机玻璃钢）风管的连接还应符合下列规定：

1）法兰的规格应分别符合设计和规范的规定，其螺栓孔的间距不得大于 120mm；矩形风管法兰的四角处，应设有螺孔。

2）采用套管连接时，套管厚度不得小于风管板材厚度。

检查数量：按加工批数量抽查 5%，不得少于 5 件。

检查方法：尺量、观察检查。

（8）复合材料风管采用法兰连接时，法兰与风管板材的连接应可靠，其绝热层不得外露，不得采用降低板材强度和绝热性能的连接方法。

检查数量：按加工批数量抽查 5%，不得少于 5 件。

检查方法：尺量、观察检查。

（9）砖、混凝土风道的变形缝，应符合设计要求，不应渗水和漏风。

检查数量：全数检查。

检查方法：观察检查。

（10）金属风管的加固应符合下列规定：

1）圆形风管（不包括螺旋风管）直径大于等于 800mm，且其管段长度大于 1250mm 或总表面积大于 $4m^2$ 均应采取加固措施。

2）矩形风管边长大于 630mm，保温风管边长大于 800mm，管段长度大于 1250mm 或低压风管单边平面积大于 $1.2m^2$，中、高压风管大于 $1.0m^2$，均应采取加固措施。

3）非规则椭圆风管的加固，应参照矩形风管执行。

检查数量：按加工批抽查 5%，不得少于 5 件。

检查方法：尺量、观察检查。

（11）非金属风管的加固，除应符合 GB 50243—2002 第 4.2.10 条的规定外还应符合下列规定：

1）硬聚氯乙烯风管的直径或边长大于 500mm 时，其风管与法兰的连接处应设加强板，且间距不得大于 450mm。

2）有机及无机玻璃钢风管的加固，应为本体材料或防腐性能相同的材料，并与风管成一整体。

检查数量：按加工批抽查 5%，不得少于 5 件。

检查方法：尺量、观察检查。

（12）矩形风管弯管的制作，一般应采用曲率半径为一个平面边长的内外同心弧形弯管。当采用其他形式的弯管，平面边长大于 500mm 时，必须设置弯管导流片。

检查数量：其他形式的弯管抽查 20%，不得少于 2 件。

检查方法：观察检查。

（13）净化空调系统风管还应符合下列规定：

1）矩形风管边长小于或等于 900mm 时，底面板不应有拼接缝；大于 900mm 时，不应有横向拼接缝。

2）风管所用的螺栓、螺母、垫圈和铆钉均应采用与管材性能相匹配、不会产生电化学腐蚀的材料，或采取镀锌或其他防腐措施，并不得采用抽芯铆钉。

3）不应在风管内设加固框及加固筋，风管无法兰连接不得使用 S 形插条、直角形插条及立联合角形插条等形式。

4）空气洁净度等级为 1～5 级的净化空调系统风管不得采用按扣式咬口。

5）风管的清洗不得用对人体和材质有危害的清洁剂。

6）镀锌钢板风管不得有镀锌层严重损坏的现象，如表层大面积白花、锌层粉化等。

检查数量：按风管数抽查 20%，每个系统不得少于 5 个。

检查方法：查阅材料质量合格证明文件和观察检查，白绸布擦拭。

3. 检查评价常用的各类金属、非金属管材和成品风管质量时的一般项目有哪些？

答：（1）金属风管的制作应符合下列规定：

1）圆形弯管的曲率半径（以中心线计）和最少分节数量应符合设计和规范的规定。圆形弯管的弯曲角度及圆形三通、四通支管与总管夹角的制作偏差不应大于 3°。

2）风管与配件的咬口缝应紧密、宽度应一致；折角应平直，圆弧应均匀；两端面平行。风管无明显扭曲与翘角；表面应平整，凹凸不大于 10mm。

3）风管外径或外边长的允许偏差：当小于或等于 300mm时，为 2mm；当大于 300mm 时，为 3mm。管口平面度的允许偏差为 2mm，矩形风管两条对角线长度之差不应大于 3mm；圆形法兰任意正交两直径之差不应大于 2mm。

4）焊接风管的焊缝应平整，不应有裂缝、凸瘤、穿透的夹渣、气孔及其他缺陷等，焊接后板材的变形应矫正，并将熔渣及飞溅物清除干净。

检查数量：通风与空调工程按制作数量 10%抽查，不得少于 5 件；净化空调工程按制作数量抽查 20％，不得少于 5 件。

检查方法：查验测试记录，进行装配试验、尺量、观察检查。

（2）金属法兰连接风管的制作还应符合下列规定：

1）风管法兰的焊缝应熔合良好、饱满，无假焊和孔洞；法兰平面度的允许偏差为 2mm，同一批量加工的相同规格法兰的螺孔排列应一致，并具有互换性。

2）风管与法兰采用铆接连接时，铆接应牢固、不应有脱铆和漏铆现象；翻边应平整、紧贴法兰，其宽度应一致，且不应小于 6mm；咬缝与四角处不应有开裂与孔洞。

3）风管与法兰采用焊接连接时，风管端面不得高于法兰接口平面。除尘系统的风管，宜采用内侧满焊、外侧间断焊形式，风管端面距法兰接口平面不应小于 5mm。

当风管与法兰采用点焊固定连接时，焊点应融合良好，间距不应大于 100mm；法兰与风管应紧贴，不应有穿透的缝隙与孔洞。

4）当不锈钢板或铝板风管的法兰采用碳素钢时，其规格应符合规范的规定，并应根据设计要求做防腐处理；铆钉应采用与风管材质相同或不产生电化学腐蚀的材料。

检查数量：通风与空调工程控制作数量抽查 10％，不得少于 5 件；净化空调工程按制作数量抽查 20％，不得少于 5 件。

检查方法：查验测试记录，进行装配试验、尺量、观察检查。

（3）无法兰连接风管的制作还应符合下列规定：

1）无法兰连接风管的接口及连接件、圆形风管的芯管连接应符合《通风与空调工程施工质量验收规范》GB 50243—2002 的要求。

2）薄钢板法兰矩形风管的接口及附件，其尺寸应准确，形状应规则，接口处应严密；薄钢板法兰的折边（或法兰条）应平直，弯曲度不应大于 5/1000；弹性插条或弹簧夹应与薄钢板法兰相匹配；角件与风管薄钢板法兰四角接口的固定应稳固、紧贴，端面应平整、相连处不应有缝隙大于 2mm 的连续穿透缝。

3）采用 C、S 形插条连接的矩形风管，其边长不应大于 630mm；插条与风管加工插口的宽度应匹配一致，其允许偏差为 2mm；连接应平整、严密，插条两端压倒长度不应小于 20mm。

4）采用立咬口、包边立咬口连接的矩形风管，其立筋的高度应大于或等于同规格风管的角钢法兰宽度。同一规格风管的立咬口、包边立咬口的高度应一致，折角应倾角、直线度允许偏差为 5/1000；咬口连接铆钉的间距不应大于 150mm，间隔应均匀；立咬口四角连接处的铆固，应紧密、无孔洞。

检查数量：按制作数量抽查 10%，不得少于 5 件；净化空调工程抽查 20%，均不得少于 5 件。

检查方法：查验测试记录，进行装配试验，尺量、观察检查。

（4）风管的加固应符合下列规定：

1）风管的加固可采用楞筋、立筋、角钢（内、外加固）、扁钢、加固筋和管内支撑等形式。

2）楞筋或楞线的加固，排列应规则，间隔应均匀，板面不应有明显的变形。

3）角钢、加固筋的加固，应排列整齐、均匀对称，其高度应小于或等于风管的法兰宽度。角钢、加固筋与风管的铆接应牢固、间隔应均匀，不应大于 220mm；两相交处应连接成一体。

4）管内支撑与风管的固定应牢固，各支撑点之间或与风管的边沿或法兰的间距应均匀，不应大于 950mm。

5）中压和高压系统风管的管段，其长度大于 1250mm 时，还应有加固框补强。高压系统金属风管的单咬口缝，还应有防止咬口缝胀裂的加固或补强措施。

检查数量：按制作数量抽查 10%，净化空调系统抽查 20%，均不得少于 5 件。

检查方法：查验测试记录，进行装配试验，尺量、观察检查。

（5）硬聚氯乙烯风管除应执行 GB 50243—2002 相关条款规

定外，还应符合下列规定：

1）风管的两端面平行，无明显扭曲，外径或外边长的允许偏差为2mm；表面平整、圆弧均匀，凹凸不应大于5mm。

2）焊缝的坡口形式和角度应符合《通风与空调工程施工质量验收规范》GB 50243—2002表4.3.5的规定。

3）焊缝应饱满，焊条排列应整齐，无焦黄、断裂现象；

4）用于洁净室时，还应按《通风与空调工程施工质量验收规范》GB 50243—2002的有关规定执行。

检查数量：按风管总数抽查10%，法兰数抽查5%，不得少于5件。

检查方法：尺量、观察检查。

（6）有机玻璃钢风管除应执行《通风与空调工程施工质量验收规范》GB 50243—2002中相关条款外，还应符合下列规定：

1）风管不应有明显扭曲、内表面应平整光滑，外表面应整齐美观，厚度应均匀，且边缘无毛刺，并无气泡及分层现象。

2）风管的外径或外边长尺寸的允许偏差为3mm，圆形风管的任意正交两直径之差不应大于5mm；矩形风管的两对角线之差不应大于5mm。

3）法兰应与风管成一整体，并应有过渡圆弧，并与风管轴线成直角，管口平面度的允许偏差为3mm；螺孔的排列应均匀，至管壁的距离应一致，允许偏差为2mm。

4）矩形风管的边长大于900mm，且管段长度大于1250mm时，应加固。加固筋的分布应均匀、整齐。

检查数量：按风管总数抽查10%，法兰数抽查5%，不得少于5件。

检查方法：尺量、观察检查。

（7）无机玻璃钢风管除应执行《通风与空调工程施工质量验收规范》GB 50243—2002中相关条款外，还应符合下列规定：

1）风管的表面应光洁、无裂纹、无明显泛霜和分层现象；

2）风管的外形尺寸的允许偏差应符合《通风与空调工程施

工质量验收规范》GB 50243—2002 表 4.3.7 的规定；

3）风管法兰的规定与有机玻璃钢法兰相同。

检查数量：按风管总数抽查 10％，法兰数抽查 5％，不得少于 5 件。

检查方法：尺量、观察检查。

（8）砖、混凝土风道内表面水泥砂浆应抹平整、无裂缝，不渗水。

检查数量：按风道总数抽查 10％，不得少于一段。

检查方法：观察检查。

（9）双面铝箔绝热板风管除应执行《通风与空调工程施工质量验收规范》GB 50243—2002 中相关条款外，还应符合下列规定：

1）板材拼接宜采用专用的连接构件，连接后板面平面度的允许偏差为 5mm。

2）风管的折角应平直，拼缝粘接应牢固、平整，风管的粘结材料宜为难燃材料。

3）风管采用法兰连接时，其连接应牢固，法兰平面度的允许偏差为 2mm。

4）风管的加固，应根据系统工作压力及产品技术标准的规定执行。

检查数量：按风管总数抽查 10％，法兰数抽查 5％，不得少于 5 件。

检查方法：尺量、观察检查。

（10）铝箔玻璃纤维板风管除应执行《通风与空调工程施工质量验收规范》GB 50243—2002 第 4.3.1 条第 2、3 款和第 4.3.2 条第 2 款外，还应符合下列规定：

1）风管的离心玻璃纤维板材应干燥、平整；板外表面的铝箔隔气保护层应与内芯玻璃纤维材料粘合牢固；内表面应有防纤维脱落的保护层，并应对人体无危害。

2）当风管连接采用插入接口形式时，接缝处的粘接应严密、牢固，外表面铝箔胶带密封的每一边粘贴宽度不应小于 25mm，并应有辅助的连接固定措施。

当风管的连接采用法兰形式时，法兰与风管的连接应牢固，并应能防止板材纤维逸出和冷桥。

3）风管表面应平整、两端面平行，无明显凹穴、变形、起泡，铝箔无破损等。

4）风管的加固，应根据系统工作压力及产品技术标准的规定执行。

检查数量：按风管总数抽查 10%，不得少于 5 件。

检查方法：尺量、观察检查。

（11）净化空调系统风管还应符合以下规定：

1）现场应保持清洁，存放时应避免积尘和受潮。风管的咬口缝、折边和铆接等处有损坏时，应作防腐处理。

2）风管法兰铆钉孔的间距，当系统洁净度的等级为 1~5 级时，不应大于 65mm；为 6~9 级时，不应大于 100mm。

3）静压箱本体、箱内固定高效过滤器的框架及固定件应作镀锌、镀镍等防腐处理。

4）制作完成的风管，应进行第二次清洗，经检查达到清洁要求后应及时封口。

检查数量：按风管总数抽查 20%，法兰数抽查 10%，不得少于 5 件。

检查方法：观察检查，查阅风管清洗记录，用白绸布擦拭。

4. 怎样检查常用的各类电线质量？

答：电线质量判别从以下几个方面进行：

（1）看有无质量体系认证书；看合格证是否规范；看有无厂名、厂址、检验章、生产日期；看电线上是否印有商标、规格、电压等。还要看电线铜芯的横断面，优等品紫铜颜色光亮、色泽柔和，铜芯黄中偏红，表明所用的铜材质量较好，而黄中发白则是低质铜材的反应。否则便是次品。

（2）可取一根电线头用手反复弯曲，凡是手感柔软、抗疲劳强度好、塑料或橡胶手感弹性大且电线绝缘体上无龟裂的就是优等品。

（3）截取一段绝缘层，看其线芯是否位于绝缘层的正中。不居中的是由于工艺不高而造成的偏芯现象，在使用时如果功率小还能相安无事，一旦用电量大，较薄一面很可能会被电流击穿。

（4）一定要看其长度与线芯粗细有没有做手脚。在相关标准中规定，电线长度的误差不能超过 5%，截面线径不能超过 0.02%。

5. 怎样判别电缆质量？

答：电缆制造涉及的工艺门类广泛，从有色金属的熔炼和压力加工，到塑料、橡胶、油漆等化工技术；从纤维材料的绕包、编织等的纺织技术，到金属材料的绕包及金属带材的纵包、焊接的金属成形加工工艺等。电缆制造所用的各种材料，不但类别、品种、规格多，而且数量大。因此，各种材料的用量、备用量、批料周期与批量必须核定。同时，对废品的分解处理、回收，重复利用及废料处理，也是管理的一个重要内容。电缆制造使用具有本行业工艺特点的专用生产设备，以适应线缆产品的结构、性能要求，满足大长度连续并尽可能高速生产的要求，从而形成了线缆制造的专用设备系列。如挤塑机系列、拉线机系列、绞线机系列、绕包机系列等。电缆常用的铜、铝杆材，在常温下，利用拉丝机通过一道或数道拉伸模具的模孔，使其截面减小、长度增加、强度提高。拉丝是各电线电缆公司的首道工序，拉丝的主要工艺参数是配模技术。铜、铝单丝在加热到一定的温度下，以再结晶的方式来绕线机提高单丝的韧性、降低单丝的强度，以符合电线电缆对导电线芯的要求。退火工序关键是杜绝铜丝的氧化。为了提高电线电缆的柔软度，以便于敷设安装，导电线芯采取多根单丝绞合而成。从导电缆芯的绞合形式上，可分为规则绞合和非规则绞合。非规则绞合又分为束绞、同心复绞、特殊绞合等。

为了减少导线的占用面积、缩小电缆的几何尺寸，在绞合导体的同时采用紧压形式，使普通圆形变异为半圆、扇形、瓦形和紧压腻子粉的圆形。此种导体主要应用在电力电缆上。

对于多芯的电缆，为了保证成型度、减小电缆的外形，一般都需要将其绞合为圆形。绞合的机理与导体绞制相仿，由于绞制节径较大，大多采用无退扭方式。成缆的技术要求：一是杜绝异型绝缘线芯翻身而导致电缆的扭弯；二是防止绝缘层被划伤。大部分电缆在成缆的同时伴随另外两个工序的完成：一个是填充，保证成缆后电缆的圆整和稳定；一个是绑扎，保证缆芯不松散。电缆的制造工艺和专用设备的发展密切相关，互相促进。国家已明令在新建住宅中应使用铜导线。但同样是铜导线，也有劣质的铜导线，其铜芯选用再生铜，含有许多杂质，有的劣质铜导线导电性能甚至不如铁丝，极易引发电气事故。目前，市场上的电线品种多、规格多、价格乱，消费者挑选时难度很大。

电缆线路常见的故障有机械损伤、绝缘损伤、绝缘受潮、绝缘老化变质、过电压、电缆过热故障等。当线路发生上述故障时，应切断故障电缆的电源，寻找故障点，对故障进行检查及分析，然后进行修理和试验，该割除的割除，待故障消除后，方可恢复供电。

电缆的质量管理，必须贯穿整个生产过程。质量管理检查部门要对整个生产过程巡回检查、操作人自检、上下工序互检，这是保证产品质量，提高企业经济效益的重要保证和手段。

6. 怎样检查常用阀门的质量？

答：（1）常规检查

首先要检查阀门的外观是否平整、光滑。铸造类阀门没有沙孔和明显瑕疵。锻造类阀门核查公称压力或者磅级。其次检查阀门的材质，就是材料成分，这点很重要，材质不达标的在装置上使用会出大问题的。最后就是检查开关是否灵敏，标牌是否清晰。试验压力是最后一步来做的。

(2) 进场检查

1) 一般情况下，阀门不作强度试验，但修补过后阀体和阀盖或腐蚀损伤的阀体和阀盖应作强度试验。对于安全阀，其定压和回座压力及其他试验应符合其说明书和有关规程的规定。

2) 阀门安装之前应作强度和密封性试验。低压阀门抽查 20%，如不合格应 100% 的检查；中、高压阀门应 100% 的检查。

3) 试验时，阀门安装位置应在容易进行检查的方向。

4) 焊接连接形式的阀门，用盲板试压不行时可采用锥形密封或 O 型圈密封进行试压。

5) 液压试验时须将阀门空气尽量排除。

6) 试验时压力要逐渐增高，不允许急剧、突然地增压。

7) 强度试验和密封性试验持续时间一般为 2~3min，重要的和特殊的阀门应持续 5min。小口径阀门试验时间可相应短一些，大口径阀门试验时间可相应长一些。在试验过程中，如有疑问可延长试验时间。强度试验时，不允许阀体和阀盖出现冒汗或渗漏现象。密封性试验，转子泵一般阀门只进行一次，安全阀、高压阀等重要阀门需进行两次。试验时，对低压、大口径的不重要阀门以及有规定允许渗漏的阀门，允许有微量的渗漏现象；由于通用阀门、电站用阀门、船用阀门以及其他阀门要求各异，对渗漏要求应按有关规定执行。

8) 节流阀不作关闭件密封性试验，但应作强度试验及填料和垫片处的密封性试验。

9) 试压中，阀门关闭力只允许一个人的正常体力来关闭；不得借助杠杆之类工具加力（除扭矩扳手外），当手轮的直径大于等于 320mm 时，允许两人共同关闭。

10) 具有上密封的阀门应取出填料作密封性试验，上密封闭合后，检查是否渗漏。用气体作试验时，在填料函中盛水检查。作填料密封性试验时，不允许上密封处于密封位置。

11) 凡具有驱动装置的阀门，试验其密封性时应用驱动装置关闭阀门后进行密封性试验。对手动驱动装置，还应进行用手动关闭阀门的密封试验。

12）强度试验和密封性试验后装在主阀上的旁通阀，在主阀进行强度和密封性试验；主阀关闭件打开时，也应随之开启。

13）铸铁阀门强度试验时，应用铜锤轻敲阀体和阀盖，检查有否渗漏。

14）阀门进行试验时，除旋塞阀有规定允许密封面涂油外，其他阀门不允许在密封面上涂油试验。

15）阀门试压时，盲板对阀门的压紧力不宜过大，以免阀门产生变形，影响试验效果（铸铁阀门如果压得过紧，还会破损）。

16）阀门试压完毕后，应及时排除阀内积水并擦干净，还应作好试验记录。

7. 建筑消防设施检测有哪些内容？

答：（1）火灾自动报警系统

1）检测火灾自动报警系统线路的绝缘电阻、接地电阻、系统的接地、管线的安装及其保护状况。

2）检测火灾探测器和手动报警按钮的设置状况、安装质量、保护半径及与周围遮挡物的距离等，并按 30%～50% 的比例抽检其报警功能。

3）检测火灾报警控制器的安装质量、柜内配线、保护接地的设置、主备电源的设置及其转换功能，并对控制器的各项功能测试。

4）检测消防设备控制柜的安装质量，柜内配线，手、自动控制及屏面接受消防设备的信号反馈功能。

5）检测电梯的迫降功能、消防电梯的使用功能，切断非消防电源功能和着火层的灯光显示功能。

6）检测消防控制室、各消防设备间及消火栓按钮处的消防通信功能。

7）检测火灾应急广播的音响功能，手动选层和自动广播、遥控开启和强行切换等功能。

8）检测消防控制室的设置位置及明显标志、室内防火阀及无关管线的设置、双回路电源的设置和切换功能。

9）检测火灾应急照明和疏散指示标志的设置、照度、转换时间和图形符号。

（2）消防供水系统

1）检查消防水源的性质、进水管的条数和直径及消防水池的设置状况。

2）检查消防水池的容积、水位指示器和补水设施、保证消防用水和防冻措施等。

3）检查消防水箱的设置、容积、防冻措施、补水及单向阀的状况等。

4）检测各种消防供水泵的性能、管道、手自动控制、启动时间，主备泵和主备电源转换功能等。

5）检测水泵结合器的设置、标志及输送消防水的功能等。

（3）室内消火栓系统

1）检查室内消火栓的安装、组件、规格及其间距等。

2）检测屋顶消火栓的设置、防冻措施及其充实水柱长度等。

3）检查室内消火栓管网的设置、管径、颜色，保证消防用水及其连接形状。

4）检测室内消火栓的首层和最不利点的静压、动压及其充实水柱长度。

5）检查手动启泵按钮的设置及其功能。

（4）自动喷水（雾）灭火系统

1）检查管网的安装、连接、设置喷头数量及末端管径等。

2）检查水流指示器和信号阀的安装及其功能。

3）检测报警阀组的安装、阀门的状态、各组件及其功能。

4）检测喷淋头安装、外观、保护间距和保护面积及与邻近障碍物的距离等。

5）对报警阀组进行功能试验。

6）对自动喷淋水（雾）系统进行功能试验。

（5）防排烟及通风空调系统

1）检查正压送风系统的风管、风机、送风口设置状况并测量其风速和正压送风值。

2）检测排烟系统风机、风道、防火阀、送风口、主备电源设置状况及其功能。

3）检查通风空调系统的管道和防火阀的设置状况。

4）对各个系统进行手动、自动及联动功能试验。

（6）防火门、防火卷帘和挡烟垂壁

对其外观、安装、传动机构、动作程序及其手动和联动功能进行检测。

（7）气体灭火系统

1）检查气体灭火系统的贮瓶间的设备、组件、灭火剂输送管道、喷嘴及防护区的设置和安装状况。

2）对气体灭火系统模拟联动试验、查看先发声、后发光的报警程序，查看切断火场电源、自动启动、延时启动量、防火阀和排风机、喷射过程、气体释放指示灯等的动作是否正常。

第三节　识读施工图

1. 怎样识读建筑给水排水工程施工图？

答：（1）先看系统图，认清这套图里给水排水有几个系统，每个系统有几根立管，立管的高度，水平的环管是从哪层接的。

（2）逐层查看平面图，找出各系统立管处于哪些位置，水平干管及支管的走向。

（3）结合图纸说明、图例，了解各系统所用阀门的型号、规格，掌握泵的参数。

（4）查阅每个大样图，对各个管井、机房、卫生间的排布作一定的了解，因为设计人员不可能排布的十分精确，所以这些都是自己排布时供参考使用的。

2. 供暖施工图的构成、图示内容各有哪些?

答：(1) 供暖施工图的构成

供暖工程是指在冬季创造适宜人们生活和工作的温度环境，保护各类生产设备正常运转，保证产品质量以保持室温要求的过程设施。供暖工程由三部分构成：产热部分——热源，如锅炉房、电热站等；输热部分——由热源到用户输送热能的热力管网；散热部分——各类型的散热器。供暖工程因热媒的不同，一般可以分为热水供暖和蒸汽供暖。

形象地说，一个供暖过程就是由锅炉将水加热成热水或蒸汽，然后由室外供热管送至各个建筑物，由各干管、立管、支管送至各散热器，经散热器降温后由支管、立管、干管、室外管道送回锅炉重新加热，继续循环。

供暖施工图一般分为室外和室内两部分。室外部分表示一个区域的供暖管网，包括总平面图、管道横纵剖面图、详图及设计施工说明；室内部分表示一幢建筑物的供暖工程，包括供暖平面图、系统图、详图及设计、施工说明。

(2) 供暖施工图的图示内容

1) 供暖平面图

① 散热器的平面位置、规格、数量及安装方式。

② 供热干管、立管、支管的走向、位置、编号及其安装方式。

③ 干管上的阀门、固定支架等部件的位置。

④ 膨胀水箱、排气阀等供暖系统有关设备的位置、型号及规格。

⑤ 设备及管道安装的预留洞、预埋件、管沟的位置。

2) 供暖系统图

① 散热设备及主要附件的空间相互关系及在管道系统中

位置。

② 散热器的位置、数量、各管径尺寸、立管编号。

③ 管道标高及坡度。

3）详图

主要体现复杂节点、部件的尺寸、构造及安装要求、包括标准图及非标准图。非标准图指的是平面及系统中标示不清，又无国家标准图集的节点、零件等。

3. 怎样读识供暖施工图？

答：首先应熟悉图纸目录，了解设计说明，了解主要的建筑图及有关的结构图。在此基础上将供暖平面图和系统图联系对照读识，同时再辅以有关详图配合读识。

（1）读识图纸目录和实际说明

1）熟悉图纸目录。从图纸目录中可知工程图纸的种类和数量，包括所选用的标准图及其他工程图纸，从而可以粗略地得知工程概貌。

2）了解设计和施工说明，它通常包括：

① 设计所使用的有关气象资料、卫生标准、热负荷量、热指标等基本数据。

② 供暖系统的形式、划分及编号。

③ 统一图例和自用图例符号的含义。

④ 图中未加标明或不够明确而需特别说明的一些内容。

⑤ 统一做法的说明和技术要求。

（2）读识供暖平面图

1）明确室内散热器的平面位置、规格、数量以及散热器的安装方式（明装、暗装或半暗装）。散热器一般布置在窗台下，以明装为最常见，一般若为暗装或半暗装就会在图纸中加以说明。散热器的规格较多，除可依据图例加以识别外，一般在施工说明中均有注明。散热器的数量均标注在散热器旁，这样可以使使用图纸者一目了然。

2）连接水平干管的布置方式。识读时需要注意干管敷设在最高层、中间层还是最底层，以了解供暖系统是上分式、中分式或是下分式，还是水平式系统。此外，还应搞清干管上的阀门、固定支架、补偿器等的位置、规格及安装要求等。

3）通过立管编号，查清立管系统数量和位置。

4）了解供暖系统中，膨胀水箱、集气罐（热水供暖系统）、疏水器（蒸汽供暖系统）等设备的位置、规格以及设备管道的连接情况。

5）查明供暖入口及入口地沟或架空情况。当供暖入口无节点详图时，一般将入口装置的设备如控制阀门、减压阀、除污器、疏水器、压力表、温度计等标示清楚，并注明规格、热媒来源、流向等。如供暖入口装置配有详图时，则可按注明的标准图号查阅。当有供暖入口详图时，可按图中所注详图编号查阅供暖入口详图。

（3）读识供暖系统图

1）安装热媒的流向确认供暖管道系统的形式及其联接情况，各管段的管径、坡度、坡向，水平管道和设备的标高以及立管编号等。供暖管道系统图完整表达了供暖系统的布置形式，清楚地标明了干管与立管以及立管与支管、散热器之间的连接方式。散热器支管有一定的坡度。其中，供水支管坡向散热器，回水支管则坡向回水立管。

2）了解散热器的规格及数量。当采用柱形和翼形散热器时，要弄清散热器的规格和片数（以及带脚片数）；当为光滑管散热器时，要弄清其型号、管径、排数及长度；当采用其他供暖设备时，应弄清设备的构造和标高（底部或顶部）。

3）注意查清其他附件与设备在管道系统中的位置、规格及尺寸并与平面图和材料表等加以核对。

4）查明供暖入口的设备、附件、仪表之间的关系，热媒来源、流向、坡向、标高、管径等。如有节点详图，则要查明节点详图编号、以便查阅。

4. 通风与空调工程施工图包括哪些内容？

答：通风与空调工程施工图一般由两大部分组成，即文字部分和图纸部分。文字部分包括图纸目录、设计施工说明、设备及主要材料表。

图纸部分包括基本图和详图。基本图包括空调通风系统的平面图、剖面图、轴测图、原理图等。详图包括系统中某局部或部件的放大图、加工图、施工图等。如果详图中采用了标准图或其他工程图纸，那么在图纸目录中必须附有说明。

（1）设计施工说明

设计施工说明包括采用的气象数据、空调通风系统的划分及具体施工要求等。有时还附有风机、水泵、空调箱等设备的明细表。具体地说，包括以下内容：

1）需要空调通风系统的建筑概况。

2）空调通风系统采用的设计气象参数。

3）空调房间的设计条件。包括冬季、夏季的空调房间内空气的温度、相对湿度（或湿球温度）、平均风速、新风量、噪声等级、含尘量等。

4）空调系统的划分与组成。包括系统编号、系统所服务的区域、送风量、设计负荷、空调方式、气流组织等。

5）空调系统的设计运行工况（只有要求自动控制时才有）。

6）风管系统。包括统一规定、风管材料及加工方法、支吊架要求、阀门安装要求、减振做法、保温等。

7）水管系统。包括统一规定、管材、连接方式、支吊架做法、减振做法、保温要求、阀门安装、管道试压、清洗等。

8）设备。包括制冷设备、空调设备、供暖设备、水泵等的安装要求及做法。

9）油漆。包括风管、水管、设备、支吊架等的除锈、油漆要求及做法。

10）调试和试运行方法及步骤。

11）应遵守的施工规范、规定等。

（2）设备与主要材料表

设备与主要材料的型号、数量一般在"设备与主要材料表"中给出。

（3）图纸部分

平面图包括建筑物各层面各空调通风系统的平面图、空调机房平面图、制冷机房平面图等。

1）空调通风系统平面图

空调通风系统平面图主要说明通风空调系统的设备、系统风道、冷热媒管道、凝结水管道的平面布置。它的内容主要包括：

① 风管系统；

② 水管系统；

③ 空气处理设备；

④ 尺寸标注。

此外，对于引用标准图集的图纸，还应注明所用的通用图、标准图索引号。对于恒温恒湿房间，应注明房间各参数的基准值和精度要求。

2）空调机房平面图

空调机房平面图一般包括以下内容：

① 空气处理设备。注明按标准图集或产品样本要求所采用的空调器组合段代号，空调箱内风机、加热器、表冷器、加湿器等设备的型号、数量，以及该设备的定位尺寸。

② 风管系统。用双线表示，包括与空调箱相连接的送风管、回风管、新风管。

③ 水管系统。用单线表示，包括与空调箱相连接的冷、热媒管道及凝结水管道。

④ 尺寸标注包括各管道、设备、部件的尺寸大小、定位尺寸。其他的还有消声设备、柔性短管、防火阀、调节阀门的位置尺寸。

3）冷冻机房平面图

冷冻机房与空调机房是两个不同的概念，冷冻机房内的主要设备为空调机房内的主要设备——空调箱提供冷媒或热媒。也就是说,与空调箱相连接的冷、热媒管道内的液体来自于冷冻机房,而且最终又回到冷冻机房。因此,冷冻机房平面图的内容主要有制冷机组的型号与台数、冷冻水泵和冷凝水泵的型号与台数、冷(热)媒管道的布置以及各设备、管道和管道上的配件(如过滤器、阀门等)的尺寸大小和定位尺寸。

4)剖面图

剖面图总是与平面图相对应的,用来说明平面图上无法表明的情况。因此,与平面图相对应的空调通风施工图中剖面图主要有空调通风系统剖面图、空调通风机房剖面图和冷冻机房剖面图等。至于剖面和位置,在平面图上都有说明。剖面图上的内容与平面图上的内容是一致的。

5)系统图(轴测图)

系统轴测图采用的是三维坐标。它的作用是从总体上表明所讨论的系统构成情况及各种尺寸、型号和数量等。具体地说,系统图上包括该系统中设备、配件的型号、尺寸、定位尺寸、数量以及连接于各设备之间的管道在空间的曲折、交叉、走向和尺寸、定位尺寸等。系统图上还应注明该系统的编号。系统图可以用单线绘制,也可以用双线绘制。

6)原理图

原理图一般为空调原理图,它主要包括以下内容:系统的原理和流程;空调房间的设计参数、冷热源、空气处理和输送方式;控制系统之间的相互关系;系统中的管道、设备、仪表、部件;整个系统控制点与测点间的联系;控制方案及控制点参数;用图例表示的仪表、控制元件型号等。

7)详图

空调通风工程图所需要的详图较多。总的来说,有设备、管道的安装详图,设备、管道的加工详图,设备、部件的结构详图等。部分详图有标准图可供选用。

详图就是对图纸主题的详细阐述,而这些是在其他图纸中无法表达但却又必须表达清楚的内容。

以上是空调通风工程施工图的主要组成部分。可以说，通过这几类图纸就可以完整、正确地表述出空调通风工程的设计者的意图，施工人员根据这些图纸也就可以进行施工、安装了。

（4）注意事项

在阅读这些图纸时，还需注意以下几点：

1）空调通风平、剖面图中的建筑与相应的建筑平、剖面图是一致的，空调通风平面图是在本层天棚以下按俯视图绘制的。

2）空调通风平、剖面图中的建筑轮廓线只是与空调通风系统有关的部分（包括有关的门、窗、梁、柱、平台等建筑构配件的轮廓线），同时还有各定位轴线编号、间距以及房间名称。

3）空调通风系统的平、剖面图和系统图可以按建筑分层绘制，或按系统分系统绘制，必要时对同一系统可以分段进行绘制。

（5）通风系统施工图的特点

1）空调通风施工图的图例

空调通风施工图上的图形不能反映实物的具体形象与结构，它采用了国家规定的统一的图例符号来表示（如前一节所述），这是空调通风施工图的一个特点，也是对阅读者的一个要求：阅读前，应首先了解并掌握与图纸有关的图例符号所代表的含义。

2）风、水系统环路的独立性

在空调通风施工图中，风管系统与水管系统（包括冷冻水、冷却水系统）按照它们的实际情况出现在同一张平、剖面图中，但是在实际运行中，风系统与水系统具有相对独立性。因此，在阅读施工图时，首先将风系统与水系统分开阅读，然后再综合起来。

3）风、水系统环路的完整性

空调通风系统，无论是水管系统还是风管系统，都可以称之为环路，这就说明风、水管系统总是有一定来源，并按一定方向，通过干管、支管，最后与具体设备相接，多数情况下又将回到它们的来源处，形成一个完整的系统。系统形成了一个循环往复的完整的环路。我们可以从冷水机组开始阅读，也可以从空调设备处开始，直至经过完整的环路又回到起点。

对于风管系统，可以从空调箱处开始阅读，逆风流动方向看到新风口，顺风流动方向看到房间，再至回风干管、空调箱，再看回风干管到排风管、排风门这一支路。也可以从房间处看起，研究风的来源与去向。

4）空调通风系统的复杂性

空调通风系统中的主要设备，如冷水机组、空调箱等，其安装位置由土建决定，这使得风管系统与水管系统在空间的走向往往是纵横交错，在平面图上很难表示清楚，因此，空调通风系统的施工图中除了大量的平面图、立面图外，还包括许多剖面图与系统图，它们对读懂图纸有重要帮助。

5）与土建施工的密切性

空调通风系统中的设备、风管、水管及许多配件的安装都需要土建的建筑结构来容纳与支撑，因此，在阅读空调通风施工图时，要查看有关图纸，密切与土建配合，并及时对土建施工提出要求。

5. 怎样读识空调通风施工图？

答：（1）空调通风施工图的识图基础

需要特别强调并掌握以下几点：

1）空调调节的基本原理与空调系统的基本理论

这些是识图的理论基础，没有这些基本知识，即使有很高的识图能力，也无法读懂空调通风施工图的内容。因为空调通风施工图是专业性图纸，没有专业知识作为铺垫就不可能读懂图纸。

2）投影与视图的基本理论

投影与视图的基本理论是任何图纸绘制的基础，也是任何图纸识图的前提。

3）空调通风施工图的基本规定

空调通风施工图的一些基本规定，如线型、图例符号、尺寸标注等，直接反映在图纸上，有时并没有辅助说明，因此掌握这些规定有助于识图过程的顺利完成，不仅帮助我们认识空调通风施工图，而且有助于提高识图的速度。

（2）空调通风施工图识图方法与步骤

1）阅读图纸目录

根据图纸目录了解该工程图纸的概况，包括图纸张数、图幅大小及名称、编号等信息。

2）阅读施工说明

根据施工说明了解该工程概况，包括空调系统的形式、划分及主要设备布置等信息。在这基础上，确定哪些图纸代表着该工程的特点、属于工程中的重要部分，图纸的阅读就从这些重要图纸开始。

3）阅读有代表性的图纸

在第2）步中确定了代表该工程特点的图纸，现在就根据图纸目录，确定这些图纸的编号，并找出这些图纸进行阅读。在空调通风施工图中，有代表性的图纸基本上都是反映空调系统布置、空调机房布置、冷冻机房布置的平面图，因此，空调通风施工图的阅读基本上是从平面图开始的，先是总平面图，然后是其他的平面图。

4）阅读辅助性图纸

对于平面图上没有表达清楚的地方，就要根据平面图上的提示（如剖面位置）和图纸目录找出该平面图的辅助图纸进行阅读，包括立面图、侧立面图、剖面图等。对于整个系统可参考系统图。

5）阅读其他内容

在读懂整个空调通风系统的前提下，再进一步阅读施工说明与设备及主要材料表，了解空调通风系统的详细安装情况，同时参考加工、安装详图，从而完全掌握图纸的全部内容。

6. 空调制冷施工图的表示方法、包括的内容、识读方法各是什么？

答：（1）表示方法

空调制冷系统施工图的线型、图例、图样画法与通风空调施工图类似。

（2）内容

在工程设计中，空调制冷系统施工图包括目录、选用图集目录、设计施工说明、图例、设备及主要材料表、总图、工艺图、系统图、平面图、剖面图和详图等。

（3）识读方法

1）先区分主要设备、附属设备、管路和阀门、仪器仪表等，然后分项阅读。

分项阅读的顺序为：主要设备、附属设备、各设备之间连接的管路和阀门、仪器仪表。

2）分系统阅读，如主要系统图、制冷服务系统图等。

7. 电气施工图有哪些特点？怎样读识建筑电气工程施工图？

答：（1）建筑电气工程图的特点

建筑电气工程图具有不同于机械图、建筑图的特点，掌握建筑电气工程图的特点，对阅读建筑电气工程图将会提供很多方便。它们的主要特点是：

1）建筑电气工程图大多是采用统一的图形符号并加注文字符号绘制出来的。绘制和阅读建筑电气工程图，首先就必须明确和熟悉这些图形符号所体表的内容和含义，以及它们之间的相互关系。

2）建筑电气工程中的各个回路是由电源、用电设备、导线和开关控制设备组成。要真正理解图纸，还应该了解设备的基本结构、工作原理、工作程序、主要性能和用途等。

3）电路中的电气设备、元件等，彼此之间都是通过导线将其连接起来构成一个整体的。在阅读过程中要将各有关的图纸联系起来，对照阅读。一般而言，应通过系统图，电路图找联系；通过布置图，接线图找位置；交错阅读，这样读图效率可以提高。

4）建筑电气工程施工往往与主体工程及其他安装工程施工相互配合进行，如暗敷线路、电气设备基础及各种电气预埋件与土建工程密切相关。因此，阅读建筑电气工程图时应与有关的土建工程图、管道工程图等对应起来阅读。

5）阅读电气工程图的主要目的是用来编制工程预算和编制施工方案，指导施工、指导设备的维修和管理。在电气工程图中安装、使用、维修等方面的技术要求一般反映，仅在说明栏内作一说明"参照××规范"，所以，我们在读图时，应熟悉有关规程、规范的要求，才能真正读懂图纸。

（2）电气施工图的识读

一套建筑电气工程图所包括的内容比较多，图纸往往有很多张。一般应按以下顺序依次阅读和作必要的相互对照阅读。

1）看标题栏及图纸目录。了解工程名称、项目内容、设计日期及图纸数量和内容等。

2）看总说明。了解工程总体概况及设计依据，了解图纸中未能表达清楚的各有关事项。如供电电源的来源、电压等级、线路敷设方法、设备安装高度及安装方式、补充使用的非国标图形符号、施工时应注意的事项等。有些分项局部问题是在各分项工程的图纸上说明的，看分项工程图纸时，也要先看设计说明。

3）看系统图。各分项工程的图纸中都包含有系统图。如变配电工程的供电系统图、电力工程的电力系统图、照明工程的照明系统图以及电缆电视系统图等。看系统图的目的是了解系统的基本组成，主要电气设备、元件等连接关系及它们的规格、型号、参数等，掌握该系统的基本概况。

4）看平面布置图。平面布置图是建筑电气工程图纸中的重要图纸之一，如变配电所电气设备安装平面图、电力平面图、照明平面图、防雷、接地平面图等，都是用来表示设备安装位置、线路敷设方法及所用导线型号、规格、数量、管径大小的。在通过阅读系统图，了解了系统组成概况之后，就可依据平面图编制工程预算和施工方案，具体组织施工了。所以对平面图必须熟读。对于施工经验还不太丰富的同志，有必要在阅读平面图时，选择阅读相应的内容的安装大样图。

5）看电路图和接线图。了解各系统中用电设备的电气自动控制原理，用来指导设备的安装和控制系统的调试工作。因电路图多是采用功能局法绘制的，看图时应依据功能关系从上至下或从左至右一个回路、一个回路的阅读。若能熟悉电路中各电器的性能和特点，对读懂图纸将是一个极大的帮助。在进行控制系统的配线和调校工作中，还可配合阅读接线图和端子图进行。

6）看安装大样图。安装大样图是按照机械制图方法绘制的用来详细表示设备安装方法的图纸，也是用来指导安装施工和编制工程材料计划的重要依据图纸。特别是对于初学安装的人员更显重要，甚至可以说是不可缺少的。安装大样图多是采用全国通用电气装置标准图集。

7）看设备材料表。设备材料表给提供了该工程使用的设备、材料的型号、规格和数量，是编制购置主要设备、材料计划的重要依据之一。阅读图纸的顺序没有统一的规定，可以根据需要，自己灵活掌握，并应有所侧重。有时一张图纸可反复阅读多遍。为更好地利用图纸指导施工，使之安装质量符合要求，阅读图纸时，还应配合阅读有关施工及验收规范、质量检验评定标准以及全国通用电气装置标准图集，以详细了解安装技术要求及具体安装方法等。

第四节　确定施工质量控制点

1. 怎样确定室内给水、排水工程的施工包括哪些内容？

答：（1）水管及部件的安装

在管道安装工程中，螺纹连接、焊接及法兰连接是常用的几种连接方法。比如系统的立管，支管等管径较小常用螺纹连接，干管，室外管道等一般采用焊接，阀门，减压阀，除污器等管路附属设备与管子连接，采用何种方法，在施工过程中视具体情况而选定。

（2）钢管螺纹连接与管螺纹加工

1）管螺纹加工。从质量方面要求，螺纹应端正，光滑无毛刺，无断丝缺口，螺纹松紧度适宜，以保证螺纹接口的严密性，填充材料可采用聚乙烯胶带管麻丝混白铅油。

2）钢管焊接。要求焊缝处无纵横裂纹，气孔及夹渣；管子内外表面无残渣，坑和明显的焊瘤，通常用水压试验，试验压力为工程压力的 1.25～1.5 倍，要求在规定的试验压力下进行检查，不渗水漏水为合格。管道穿过建筑物基础预留孔洞的尺寸一般比管径大 2 倍左右，并加设套管，套管中用保温材料填空，如果穿过楼板套管上端应高出地面 20mm，防止上层房间地面水渗流到下层房间，下端与楼板底平。

（3）管道支架安装

根据结构形式可将支架分为托架、吊架、管卡三种。前两种托吊水平管道，多在现场制造，管卡固定立管可采购，一般士干管离墙或柱子表面净距不小于 60mm，产支管离墙净距为 30mm。所有预留孔洞及支架埋设处的墙面应在管道安装后，装修工程完工前填堵。管路连接后要保证 10m 管卡上，当直径 d <100mm 时，纵横方向的弯曲允许偏差小于 5mm；d>100mm 时，纵横方向的弯曲允许偏差小于 10mm。全长在 25mm 以上时，横向弯曲允许偏差小于 25mm。多条平行管段在同一平面上，间距允许偏差 3m。支吊架不得设在焊缝处，应距焊缝不小于 50～100mm。施焊时要注意清理吹进管内的氧化铁熔渣以免堵塞管道。

2. 建筑设备安装施工质量控制点的确定原则是什么？

答：质量控制点的确定应以现行国家或行业工程施工质量验收规范、工程施工及验收规范、工程质量检验评定标准中规定应检查的项目作为依据，引进项目或国外承包工程可参照国家规定结合特殊要求拟定质量控制点并与用户协商确定。质量控制点的确定原则一般为：

（1）施工过程中的关键工序或环节，如电气装置的高压电器和电力变压器、关键设备的设备基础、压力试验、垫铁敷设等；

（2）关键工序的关键质量特性，如焊缝的无损检测，设备安装的水平度和垂直度偏差等；

（3）施工中的薄弱环节或质量不稳定的工序，如焊条烘干，坡口处理等；

（4）关键质量特性的关键因素，如管道安装的坡度、平行度的关键因素是人，冬期焊接施工的焊接质量关键因素是环境温度等；

（5）对后续工程施工、后续工序质量或安全有重大影响的工序、部位或对象；

（6）隐蔽工程；

（7）采用新工艺、新技术、新材料的部位或环节。

3. 中央空调风管制作施工方案主要包括哪些内容？

答：在施工过程中，往往有不同的施工方法可供选择。制定施工方案时应根据工程特点、工期要求、施工条件等因素，进行综合权衡，选择适用于本工程的最先进、最合理、最经济的施工方法，以达到降低工程成本和提高劳动生产率的预期效果。

（1）分项工程施工工艺流程

机组位置的定位→机组组装或吊装。

1）风管路安装工艺流程

测量、放线→确认主体结构轴线及各面中心线→以中心线为基础，做风管路的安装→校正位置→管道与机组的连接→做风管路验收检查→保温。

2）水管路安装施工工艺流程

测量、放线→根据管路不同位置设支架，固定架，吊筋→按图纸所示位置安装水管路→与机组连接（包括风机盘管）→压力实验→外表面的防腐防锈处理→保温→清洁整理→检查验收。

（2）分项工程施工方法

风管路安装施工，采用工厂和现场相结合方式进行，即所有风管道和吊筋、风口及阀门等组件均在场外加工，经质检合格后运往工地现场安装，并按照下列方法进行施工。

测量放线由专业技术人员确定管道的位置，并在两端定位中拉线以确保管道安装平直风管及部件安装。

1）风管及部件穿墙，穿墙时，应设预留孔洞，尺寸和位置应符合设计要求。

2）风管和空气处理室内，不得铺设电线以及输送有毒、易燃、易爆气体或液体的管道。

3）风管与配件可拆卸的接口及调节机构，不得装设在墙或楼板内。

4）风管及部件安装前，应清除内外杂物及污物，并保持清洁。

5）风管及部件安装完毕后，应按系统压力等级进行严密检验，漏风量应符合《通风与空调工程施工及验收规范》规定。

6）现场风管接口的位置，不得缩小其有效截面。

7）风管支、吊架的施工应符合下列规定：

① 风管与部件支、吊架的预埋件，射钉或膨胀栓位置应正确，牢固可靠，埋入部分应去除油污，并不得涂漆。

② 在砖墙或混凝土上预埋支架时，洞口内外应一致，水泥砂浆捣固应密实，表面应平整，预埋应牢固。

③ 用膨胀螺栓固定支架时，应符合膨胀螺栓使用技术的规定。

④ 支吊架的形式应符合设计规定。当设计无规定时，应按下列规定执行。

a. 靠柱安装的水平风管宜用悬臂支架或有斜撑支架；不靠墙或柱安装的水平风管宜用托底吊架，直径或边长小于400mm

的风管可采用吊带式吊架。

b. 靠墙安装的垂直风管宜用悬臂托架或有斜撑支架，不靠墙柱穿楼板安装的直风管宜采用抱箍支架，室外或屋面安装的立管应用井架或拉索固定。

⑤ 吊架的吊杆应平直，螺纹应完整，光洁。吊杆拼接可采用螺纹连接或焊接。任一端的连接螺纹均应长于吊杆直径，并有防松动措施；焊接拼接宜采用搭接，搭接和长度不应少于吊杆直径的 6 倍，并应在两侧焊接。

⑥ 支、吊架上的螺孔应采用机械加工，不得用气割开孔。

⑦ 矩形风管抱箍支架应紧贴风管，折角应平直，连接处应留有螺栓收紧的距离；圆形风管抱箍圆弧应均匀，且应与风管外径相一致，抱箍应能箍紧风管。

8）风管安装时应及时进行支吊架的固定和调整，其位置应正确，受力应均匀。可调隔振支架，吊架的拉伸或压缩量应按设计要求调整。

9）支吊架不得设置在风口、阀门、检查门及自控机构处；吊杆不宜直接固定在法兰上。

10）风管支、吊架的间距，如设计无要求，应符合下列规定：

① 风管水平安装，直径或长边尺寸小于 400mm，间距不应大于 4m；大于或等于 400mm，不应大于 3m。

② 风管垂直安装，间距不应大于 4m，每根立管的固定件不应少于 2 个。

③ 户外保温风管支、吊架的间距应符合设计要求。

11）法兰垫片的厚度宜为 3～5mm，垫片应与法兰间平，不得凸入管内。

12）法兰垫片的材质，当设计无要求时，可按下列规定执行：

① 输送空气温度低于 70℃的风管，应采用石棉橡胶板等。

② 输送空气或烟气温度高于 70℃的风管，应采用石棉橡胶板等。

③ 输送含有腐蚀性介质气体的风管，应采用耐酸橡胶板或

软聚乙烯板等。

④ 输送产生凝结水或含有蒸汽的潮湿空气的风管，应采用橡胶板或闭孔海绵橡胶板等。

⑤ 连接法兰的螺栓应均匀拧紧，其螺母应在同一侧。

13）风管的调节装置（多叶阀、蝶阀、插板阀等），应安装在便于操作的部位。

14）防火阀安装，方向位置应正确，易熔件应在系统安装后装入。

15）各类风口的安装应平整，位置应正确，转动部分灵活，各风管的连接应牢固。

16）安装柔性短管应松紧适当，不得扭曲。

4. 电气工程主要施工方法及质量要求有哪些？

答：（1）管路敷设分项、检验批工程施工方法及质量要求

1）首先要求在配合结构预埋中，施工人员必须认真熟悉图纸，严格按设计要求的管路规格、型号及敷设方式进行施工。

2）根据设计图纸要求及×年×月×日图纸会审记录，有吊顶的房间管线为自线槽引出钢管明设，地下 1，2 层照明支路为沿 150×100mm 钢线槽明设。配合土建做好如人防、设备层、楼梯间等处的暗管敷设，筒体混凝土墙内开关、插座管路，无吊顶房间处管路的敷设以及电源进户保护管和电信入口保护管。

3）关于管路的连接、防腐、弯扁度、弯曲半径、跨接地线、保护层、管盒固定、标高、管口处理等要求详见技术交底记录。在施工中应认真加强看护，保证管路畅通，及时做好自检、互检、隐检、预检工作，并及时报验监理，保证施工符合实际和规范要求。

4）吊顶内管路的敷设：吊顶内敷设的管路的固定方式均采用膨胀螺栓及吊架固定在楼板上，具体做法按照《建筑电气通用图集》操作。

（2）电气安装各分项、检验批工程质量要求

电气安装各分项检验批工程质量标准如下：

1）管路敷设分项检验批质量标准材质及规格、品种型号必须符合设计及规范要求，各种材料必须有合格证件，在 10 层内敷设必须内外防腐后，外壁另进行两道沥青漆处理，在混凝土内敷设宜做内防腐，Φ 30 以下管子连接采用套管焊接，所有连接处及进出盒箱处均应焊跨接地线，管路弯曲半径$\geqslant 10d$，凹扁度$\leqslant 0.10$，保护层$\geqslant 15mm$。

2）管内穿线分项、检验批质量标准。材质及品种、规格、型号必须符合设计及规范要求，材料必须有合格证，导线绝缘电阻必须$\geqslant 0.5M\Omega$ 以上，穿线前应在盒、箱位置标高准确、无误的情况下进行，同时在穿线前必须将箱、盒清理干净，做到导线分色正确，余量适量。

3）接地装置分项、检验批质量标准。材质的品种、规格、型号必须符合设计及规范要求，材料必须有合格证及钢材抄件，接地电阻摇测必须符合要求，焊接长度：圆钢$\geqslant 6d$，圆钢与扁钢$\geqslant 6d$，扁钢与扁钢$\geqslant 2d$，且须三面焊，要求焊缝饱满，平整光滑，焊后将焊药清干净，在焊接处进行防腐处理。

4）电气器具及配电箱安装质量标准。材质及品种、规格、型号必须符合设计及规范要求，并必须有合格证。开关、插座及配电箱安装应做到横平竖直，标高准确，紧贴墙面，固定牢靠，接地保护良好。灯具安装必须牢固，并符合规范要求，接线正确。所有接压线不伤线芯及绝缘层，箱内接压线做到整齐、美观、牢靠并编号正确。

5）建筑电气分部（子分部）观感质量标准。工程所有材料必须选用优良产品，并做到品种、型号、规格符合设计要求，质量合格、出厂质量证明文件齐全，有合格证检验报告；施工安装符合设计图纸要求，工程质量符合施工质量验收规范标准要求；在线路敷设，配电箱、开关插座、照明器具及防雷接地等分项上，外观质量必须达到优良标准。

（3）施工管理措施

1）认真贯彻执行国家颁发的技术方针、政策、规范、技术规程标准和各项管理制度，且贯彻执行上级有关部门下达的各项规定的管理制度。

2）在分公司（项目部）主任工程师的领导下，建立本工程由项目经理主管，专业技术负责人具体负责，包括质检员、外埠施工队队长、工长、班组长的质量管理体系，并以此开展技术工作。

3）施工资料管理。①按《建筑工程资料管理规程》DBJ 01—51—2003规定，由现场技术人员负责收集、整理本专业工程的各种质量控制资料及竣工资料，工程竣工后，按规定移交归档。②工地设专人负责文件和资料的收发、登记，施工图纸的发放要按规定做好登记。③设计单位、建设（监理）单位提出的变更及工程洽商记录，必须有设计、建设、监理、施工单位项目专业技术负责人的签字后方可生效。重大变更应由主任工程师签字。④其他各种技术资料也应按照有关规定履行交接签字手续。

（4）施工资料目标设计

技术管理要求包括：

1）认真熟悉图纸，严格按照《建筑工程资料管理规程》DBJ 01—51—2003编制、收集整理本专业施工资料。

2）施工资料整编要及时、认真、清楚、真实、填写正确，项目齐全，签字完备。

3）各专业施工资料做到交卷，要与工程同步。

4）施工资料收集、整理分专业负责，责任到人。

5）验收与移交执行《建筑工程资料管理规程》DBJ 01—51—2003相应规定。

🕵 5. 火灾自动报警系统施工质量管理要点有哪些？

答：火灾自动报警系统施工质量管理要点有如下内容：

（1）火灾自动报警系统的施工必须由具有相应资质等级的施工单位承担。

（2）火灾自动报警系统的施工应按设计要求编写施工方案。施工现场应具有必要的施工技术标准、健全的施工质量管理体系和工程质量检验制度，并应按《建筑工程资料管理规范》附录 B 的要求填写有关记录。

（3）火灾自动报警系统施工前应具备下列条件：

1）设计单位应向施工、建设、监理单位明确相应技术要求；

2）系统设备、材料及配件齐全并能保证正常施工；

3）施工现场及施工中使用的水、电、气应满足正常施工要求。

（4）火灾自动报警系统的施工，应按照批准的工程设计文件和施工技术标准进行施工。不得随意更改。确需更改设计时，应由原设计单位负责更改。

（5）火灾自动报警系统的施工过程质量控制应符合下列规定：

1）各工序应按施工技术标准进行质量控制，每道工序完成后，应进行检查，检查合格后方可进入下道工序。

2）相关各专业工种之间交接时，应进行检验，并经监理工程师签证后方可进入下道工序。

3）系统安装完成后，施工单位应按相关专业调试规定进行调试。

4）系统调试完成后，施工单位应向建设单位提交质量控制资料和各类施工过程质量检查记录。

5）施工过程质量检查应由监理工程师组织施工单位人员完成。

6）施工过程质量检查记录应按《建筑工程资料管理规范》附录 C 的要求填写。

（6）火灾自动报警系统质量控制资料应按《建筑工程资料管理规范》附录 D 的要求填写。

（7）火灾自动报警系统施工前，应对设备、材料及配件进行现场检查，检查不合格者不得使用。

6. 怎样进行自动喷水灭火系统安装工程的竣工验收？

答：自动喷水灭火系统安装完毕后，应进行竣工验收，以检查施工是否符合设计和有关规范的要求。验收由用户和当地消防监督部门主持。合格后系统方能正式使用。

（1）水源

1）水源包括消防水池、高位水箱、压力水罐和市政供水管网的水量和水压。

2）消防泵以及补压泵的性能，包括启动、吸水、流量和扬程。

3）消防泵动力及备用动力。

（2）喷头

1）喷头的温级、类型与间距。

2）在腐蚀性场所安装的喷头的防腐措施。

3）喷头下方是否存在阻挡喷水的障碍物，如隔板、管路及灯具等。

4）备用喷头的数量。

（3）报警控制阀

1）设置地点，阀室位置、环境及排水设施。

2）各个阀门，包括水源闸阀、手动阀、放水阀、试警铃阀等的正常位置，指示标记和相应的技术措施。

3）报警阀各部件组成的合理性。

（4）管路

1）管路的固定和吊架的布置。

2）管路的布置。

3）冲洗和检查口，末端试验装置和排水装置。

（5）其他的要求

1）自动喷水、灭火系统与火灾自动探测报警装置的联动性。

2）自动充气装置和传动管路。

3）水雾系统中喷头与管路、电气设施的间距。

4）喷雾喷头过滤装置。

完成上述检查后，应对系统进行试验，以检查系统中各部位的联动性能。

对湿式系统可通过末端试验装置进行试验。试验时，打开末端试验装置的放水阀，通过喷嘴放水模拟喷头喷水，此时湿式阀应立即开启，水力警铃应发出响亮声响，压力开关等部件亦应发出相应信号。

对于干式系统和预作用系统，同样可以进行上述试验，检查由喷头开启至水喷出的时间，即系统管路充水时间。

对雨淋系统等开式系统的试验，则可通过雨淋阀中的手动阀来进行。

经过检查和试验，符合规范和技术要求的，即可投入正常运行。

7. 建筑智能化工程线缆敷设施工现场控制重点是什么？

答：建筑智能化工程线缆敷设施工现场控制重点包括如下内容：

（1）审核综合布线工程施工图是否由具有法人资质证明的设计单位设计，确认施工图有效方可使用。

（2）综合布线施工图重点审核系统图与平面图布置的信息插座点数是否数量一致，有否遗漏，或结构修改后，信息插座数量未做调整。

（3）通过认真阅读综合布线施工图，发现线缆管线与其他专业相碰等问题时，把发现的问题集中汇总，提供给设计单位，组织设计交底，把提出的问题形成解决方案文件，进行会签确认，并及时办理设计变更手续。

（4）综合布线施工方案审核：

1）建筑群室外工程光缆的施工方法，进出建筑物、管井、外墙的做法。

2）综合布线工程施工所用材料设备加工订货计划、劳动力安排计划、施工进度计划等应与土建总的施工进度计划相对应，确保总工期进度顺利完成。

3）综合布线施工技术交底：关键是如何配合土建及各专业进行施工，对线缆管路、盒（箱）安装与敷设方式做到心中有数；特别明确光缆、跳线等连接操作要求与注意事项；有否防火、防静电、防电磁干扰、接地的措施。

4）综合布线的调试程序和测试方法，如何达到现行国家标准和规范的要求规定。

5）光纤电缆连接器接续制作时安全要求包括以下几个方面：

① 光纤电缆内的光纤是由石英玻璃制成的纤维，又硬又脆且易折断，因此在接续制作时应防止崩眼。

② 光纤裸露部分带电时，不能用肉眼直接观看或用手触摸，防止造成人身伤害事故。

③ 操作人员必须戴眼镜和手套，穿工作服，远离人群，保持环境清洁。

④ 不允许用光学仪器去观看已通电的光纤传输通道器件。

⑤ 只有断开所有光源情况下，才能对光传输系统进行维护操作。

⑥ 综合布线的接地线最好采用绝缘导线引至设备间，确保接地线上不出现电位差。

第五节　编写质量控制措施等质量控制文件，实施质量交底

1. 给水排水工程分项工程质量通病有哪些？

答：（1）给水工程常见质量通病

1）底层"一户一表"集中水表箱出水管（如 PEX 管）外套 PVC-U 排水管，套管内的多根立管无采用支架固定。套管入户管口采用中小斜三通（如 DN110×50），给水立管穿墙入户后，三通口未封堵。

2）钢塑（衬塑）复合管配件不符合要求。

3）沿楼地面找平层敷设的给水管半明暗现象。

4）建筑毛坯房楼地面找平层或墙体内暗埋的给水管道无标识。

5）敷设在屋面、阳台、室外墙面上易被阳光照射的塑料给水管（如 PP-R 管、PEX 管等）未采取防紫外线措施。

6）给水管道穿越伸缩缝、沉降缝等未采取措施。

7）不锈钢管、铜管管道铁质支架未采取防电化学腐蚀措施。

（2）排水工程常见质量通病

1）排水支管接入横干管，立管接入横干管时，横干管用三通加 90°弯头组合的管中心轴线接出。

2）排水横干管、横管变径时，采用偏心异径管管底平接或管中心轴线连接或同心异径管连接或采用瓶口三通连接。

3）仅设伸顶通气管时，最低排水横支管与立管连接处距排水立管管底垂直距离偏小，不符合规定要求。

4）排水支管连接至排水横干管上时，连接点距立管底部下游水平距离小于 1.5m。

5）排水竖支管与立管拐弯处的垂直距离小于 0.6m。

6）排水塑料横管的直线管段大于 2m，没有设置伸缩节或用立管的普通伸缩节或伸缩节位置设置错误。

7）高层建筑（十层及十层以上的居住建筑及建筑高度超过 24m 的公共建筑）中明设塑料排水管公称外径大于或等于 110mm 的阳台立管及上人屋面立管，在穿楼层底处未设置阻火圈。阻火圈与楼板固定的螺栓连接不到位，甚至没有采用螺栓固定。

8）排水立管设有乙字弯管或两个 45°弯头组合时，在乙字弯或两个 45°弯头的上部无设置检查口；暗装立管的检查口处无设检修门。

9）排水横管清扫口的设置：①地面上的清扫口盖高出地面。②在水流转角大于 45°的排水横管上，未设置清扫口。③通向室外的排水管，穿过墙壁或基础下弯处，未设置清扫口。排水横管连接清扫口用三通或 90°弯头管件连接。

2. 建筑给水、排水施工控制重点有哪些？

答：在给水排水安装过程中，原材料施工进场应查看质量合格证并进行验收和监理确认；阀门安装前应做实验；给水排水及采暖施工时应和土建搞好配合做好洞口和预埋管件预留工作，并形成记录；隐蔽工程；管道需穿过地下室或地下构筑外墙时应采取防水措施。

（1）管道穿变形缝保护措施

在墙体两侧采取柔性连接。不小于 150mm 的净空，在穿墙处做成方型补偿器，进行水平安装。

（2）套管设置

套管管径比管道管径大 2 号。钢套管高出地面 50mm，其他 20mm。进行防腐处理，断口要平整。

（3）管道成排安装

直线部分应相互平行，间距均匀，曲线部分曲率半径相等。

（4）管道支、吊、托架安装

①位置正确，埋设平整牢固。②与管道接触应紧密，固定应牢靠。③滑动支架应灵活，滑托与滑槽两侧间应留有 3～5mm 的间隙，并留有一定的偏移量。④无热伸缩的管道吊架，吊杆应垂直安装，吊架的朝向应一致。⑤有伸缩的管道吊架、吊杆应向膨胀的反方向偏移。⑥固定在建筑结构上的管道支、吊架不得影响结构安全。

（5）室内给水系统安装施工过程质量控制

埋地管在底层土建地坪施工前安装；室内埋地管道安装至外墙应不小于 1m，管口应及时封堵；钢塑复合管不得埋没于钢筋混凝土结构层中。管道安装宜先地下后地上，先大管后小管，管道穿过楼板、屋面，应预留孔洞或预埋套管，预留孔洞：外径加 40mm。引入管与排出管水平净距不小于 1m，室内平行敷设最小水平净距不得小于 0.5m，交叉敷设时，垂直净距不得小于

0.15m。坡度 2‰～5‰坡向泄水装置。水表安装，螺翼式，不小于 8 倍水表接口直径的直线管段。

1）给水管道及配件安装控制重点

水压试验必须符合设计要求，设计未注明时 1.5 倍，不小于 0.6MPa，一般分两次，地下隐蔽前、系统完毕后。水压试验时，观测 10min，压降不大于 0.02MPa，降到工作压力检查，塑料管给水系统试验压力下稳压 1h，压降不超过 0.05MPa，在工作压力的 1.15 倍稳压 2h，压降不得超过 0.03MPa，不渗漏。进行通水试验。冲洗和消毒，取样检验。

2）室内排水系统安装

排水立管中心与墙距：$d50$-100mm；$d75$-110mm；$d100$-130mm；$d150$-150mm，立管管卡间距不得超过 3m。排水管不宜采用正三通和正四通，塑料排水管伸缩节按要求，管端插入伸缩节处预留间隙为：夏季 5～10mm，冬季 15～20mm。进行灌水试验。坡度符合设计要求。检查排水口或清扫排水口。支吊架安装、排水通气管，通球试验，通球率达 100％。

3）卫生器具安装控制重点

排水栓和地漏的安装应平整、牢固、低于排水表面不少于 5mm，周边无渗漏，地漏水封高度不小于 50mm 卫生器具交工前应做满水和通水试验。卫生器具满水后各连接件不渗不漏；用水试验给、排水通畅。有饰面的浴盆，应留有通向浴盆排水口的检修门。卫生器具给水配件安装应完好无损，接口严密，启动部分灵活；卫生器具安装允许偏差应符合规范要求。卫生器具给水配件安装标高的允许偏差应符合要求。浴盆软管淋浴器挂钩的高度设计无要求时，距地面 1.8m。连接卫生器具的排水管道接口应紧密不漏，其固定支架管卡等支撑位置应正确牢固，与管道接触应平整，美观大方。卫生器具排水管道安装的允许偏差应符合规范要求。质量要求：位置要居中，保持正确性，放平与找正，螺栓再固定。安装要稳定，保证严密性。拆装要灵活，整齐美观性，管内无杂物，管口清干净，标示按规范，确保实用性，灰口压实要抹光，避免排水不流畅。冷热水管道位置：冷在右，热在左，使用起来比较妥（垂直敷设）热在上，冷在下，怎么检查都不怕（水平敷设）。

3. 建筑给水、排水及隐蔽工程的检验和验收内容有哪些？

答：进行承压管道系统和设备及阀门水压试验；排水管道灌水、通球及通水试验；雨水管道灌水通水试验；给水管道通水试验及冲洗、消毒检测；卫生器具通水试验，具有溢流动能的器具满水试验；地漏及地面清扫口排水试验；安全阀及报警联运系统动作测试。做好工程质量验收文件和记录：开工报告、图纸会审记录、设计变更及洽商记录；施工组织设计或施工方案；主要材料、成品、半成品、配件、器具和设备出厂合格证及进场验收单；隐蔽工程验收及中间试验记录；设备试运转记录；安全、卫生和使用功能检验和检测记录；检验批、分项、子分部、分部工程质量验收记录；竣工图；施工现场质量管理检查记录；技术交底；施工日志；产品合格证。

建筑给水排水系统除根据外观检查、水压试验、通水试验和灌水试验的结果进行验收外，还须对工程质量进行检查。对管道工程质量检查的主要内容包括：管道的平面位置、标高、坡向、管径管材是否符合设计要求管道支架卫生器具位置是否正确，安装是否牢固；阀件、水表、水泵等安装有无漏水现象卫生器具排水是否通畅，以及管道油漆和保温是否符合设计要求给排水工程应按检验批、分项、分部或单位工程验收，按国家有关规范和标准进行验收和质量评定。施工单位应严格按业主方要求、施工图、施工工序、施工规范、验收规定以及其他有关建筑安装规范进行施工，这是对建筑安装工程施工的最低要求。

4. 建筑电气工程分部工程质量控制包括哪些部分？

答：建筑电气子分部工程质量控制应包含如下内容：

（1）室外电气安装子分部工程

1）架空线路及杆上电气设备安装。

2）变压器、箱式变电所安装。

3）成套配电柜、控制柜（屏、台）和动力、照明配电箱（盘）安装。

4）电线导管、电缆导管和线槽敷线。

5）电缆头制作、接线和线路绝缘测试。

6）建筑物景观照明灯、航空障碍灯和庭院灯安装。

7）建筑物照明通电试运行。

8）接地装置安装。

（2）变配电室安装子分部工程

1）变压器、箱式变电所安装。

2）成套配电柜、控制柜（屏、台）和动力、照明配电箱（盘）安装。

3）裸母线、封闭母线、插接式母线安装。

4）电缆沟内和电缆竖井电缆敷设。

5）电缆头制作、接线和线路绝缘测试。

6）接地装置安装。

7）避雷引下线和变配电室接地干线敷设。

（3）供电干线安装子分部工程

1）裸母线、封闭母线、插接式母线安装。

2）电缆桥架安装和桥架内电缆敷设。

3）电线导管、电缆导管和线槽敷线。

4）缆沟内和电缆竖井电缆敷设。

5）电线、电缆穿管和线槽敷线。

6）电缆头制作、接线和线路绝缘测试。

（4）电气动力安装子分部工程

1）成套配电柜、控制柜（屏、台）和动力、照明配电箱（盘）安装。

2）低压电动机、电加热器及电动执行机构检查接线。

3）低压电气动力设备试验和试运行。

4）电缆桥架安装和桥架内电缆敷设。

5）电线、电缆穿管和线槽敷线。

6）电线导管、电缆导管和线槽敷设。

7）电缆头制作、接线和线路绝缘测试。

8）开关、插座、风扇安装。

（5）电气照明安装子分部工程

1）成套配电柜、控制柜（屏、台）和动力、照明配电箱（盘）安装。

2）电线导管、电缆导管和线槽敷设（室内）。

3）电线、电缆穿管和线槽敷线。

4）槽板配线。

5）钢索配线。

6）电缆头制作、接线和线路绝缘测试。

7）普通灯具安装。

8）专用灯具安装。

9）建筑物景观照明灯、航空障碍灯和庭院灯安装。

10）开关、插座、风扇安装。

（6）备用和不间断电源安装子分部工程

1）成套配电柜、控制柜（屏、台）和动力、照明配电箱（盘）安装。

2）柴油发电机组安装。

3）不间断电源安装。

4）裸母线、封闭母线、插接式母线安装。

5）电线导管、电缆导管和线槽敷设（室内）。

6）电线、电缆穿管和线槽敷线。

7）电缆头制作、接线和线路绝缘测试。

8）接地装置安装。

（7）防雷及接地装置安装子分部工程

1）接地装置安装。

2) 避雷引下线和变配电室接地干线敷设。

3) 建筑物等电位联结。

4) 接闪器安装。

5. 给水排水工程质量交底的内容包括哪些?

答：给水排水工程质量交底的内容包括：

(1) 作业条件。

(2) 主要机具。

(3) 工艺流程（最重要）。

(4) 成品保护。

(5) 质量标准。

(6) 安全环境保护。

6. 通风与空调工程质量交底包括哪些内容?

答：(1) 系统详细设计说明

主机水系统采用 PLC 控制器 CPM 系列，对冷冻水泵、冷却水泵、冷却塔风机、电动碟阀、主机、热水锅炉、热水泵的启停顺序进行控制，此 DPLC 控制器有 RS485 通信接口，通过网络转换器 GW07，转化成 TCP/IP 接入路由器，接入集中控制室，集中控制室的监控 PC 通过监控软件可以管理到水系统所有的设备。

新风机组、空调机组采用专用 DDC 控制柜 GYZY 系列进行控制，此控制柜内装有 DDC 控制器 HC104 及扩展模块，具有 RS485 通信接口，通过集中控制器 NC150 可以集中管理到每个设备，集中控制器 NC150 通过 TCP/IP 网络接入集中控制室的监控电脑，监控电脑通过监控软件能查看空调设备的运行状况并且能控制。

(2) 冷热源水系统监控功能

1) 冷热源水系统使用

冷热源水系统主要包括冷水机组、冷却水系统、冷冻水系统、冷却塔系统、热水锅炉系统、热水泵系统，本系统采用具备标准的 RS485 通信接口的 PLC 控制器 CPM 系列。

2）冷热源水系统主要监控设备

螺杆式冷水主机，冷冻水泵，冷却水泵，冷却塔，热水锅炉，热水泵，电动蝶阀，冷冻水系统压差阀，水温传感器。

7. 建筑电气技术交底都包括哪些内容？

答：建筑电气技术交底都包括如下内容：

（1）作业条件。

（2）材料要求。

（3）施工主要机具。

（4）质量要求。

（5）工艺流程。

（6）操作工艺。

（7）成品保护。

（8）施工注意事项（质量、安全）。

第六节　工程质量检测检验、质量验收

1. 房屋建筑安装工程质量保修范围、保修期限和违规处罚各是怎样规定的？

答：（1）房屋建筑工程质量保修范围

《中华人民共和国建筑法》第 62 条规定的建设工程质量保修范围包括：地基基础工程、主体结构工程、屋面防水工程、其他土建工程，以及配套的电气管线、上下水管线的安装工程；供热供冷系统工程等项目。

（2）房屋建筑安装工程质量保修期限

在正常使用条件下，房屋建筑安装工程最低质量保修期限为：

1）供热与供冷系统工程，为两个供暖、供冷期。

2）电气管线、给水排水管道、设备安装工程为 2 年。

3）有防水要求的卫生间、房间和外墙面的防渗漏，为5 年。

房屋建筑安装工程保修期从工程竣工验收合格之日起计算。

2. 工程项目竣工验收的范围、条件和依据各有哪些?

答：（1）验收的范围

根据国家建设法律、法规的规定，凡新建、扩建、改建的基本建设项目和技术改造项目，按批准的设计文件所规定的内容建成，符合验收标准，都应及时验收办理固定资产移交手续。项目工程验收的标准为：工业项目经投料试车（带负荷运转）合格，形成生产能力的，非工业项目符合设计要求，能够正常使用的。对于某些特殊情况，工程施工虽未全部按设计要求完成，也应进行验收，这些特殊情况是指以下几种。

1）因少数非主要设备或某些特殊材料短期内不能解决，虽然工程内容尚未全部完成，但已可以投产或使用的工程项目。

2）按规定的内容已建成，但因外部条件的制约。如流动资金不足，生产所需原材料不足等，而使已建工程不能投入使用的项目。

3）有些建设项目或单项工程，已形成生产能力或实际上生产单位已经使用，但近期内不能按原设计规模续建，应从实际情况出发经主管部门批准后，可缩小规模对已完成的工程和设备组织竣工验收，移交固定资产。

（2）竣工验收的条件

建设项目必须达到以下基本条件，才能组织竣工验收：

1）建设项目按照工程合同规定和设计图纸要求已全部施工完毕，达到国家规定的质量标准，能够满足生产和使用要求。

2）交工工程达到窗明地净，水通灯亮及供暖通风设备正常运转。

3) 主要工艺设备已安装配套，经联动负荷试车合格，构成生产线，形成生产能力，能够生产出设计文件规定的产品。

4) 职工公寓和其他必要的生活福利设施，能适应初期的需要。

5) 生产准备工作能适应投产初期的需要。

6) 建筑物周围 2m 以内场地清理完毕。

7) 竣工结算已完成。

8) 技术档案资料齐全，符合交工要求。

(3) 竣工验收的依据

1) 上级主管部门对该项目批准的文件。包括可行性研究报告、初步设计以及与项目建设有关的各种文件。

2) 工程设计文件。包括图纸设计及说明、设备技术说明书等。

3) 国家颁布的各种标准和规范。包括现行的《工程施工及验收规范》、《工程质量检验评定标准》等。

4) 合同文件。包括施工承包的工作内容和应达到的标准，以及施工过程中的设计修改变更通知书等。

3. 建筑安装工程质量验收划分的要求是什么？

答：《建筑工程施工质量验收统一标准》GB 50300 中规定：建筑安装工程质量验收应划分分部（子分部）工程、分项工程和检验批。

1) 分部工程的划分应当按专业性质、建筑部位确定。

2) 当分部工程较大或较复杂时，可按材料种类、施工特点、施工程序、专业系统及类别等划分为若干个分部工程。

3) 分部工程应按主要工种、材料、施工工艺、设备类别等进行划分。

4) 分项工程可由一个或若各个检验批组成，检验批可以根据施工质量控制和专业验收需要按楼层、施工段、变形缝等进行划分。

4. 怎样判定建筑按照工程质量验收是否合格？

答：（1）检验批质量验收合格的规定

1）主控项目和一般项目的质量经抽样检验合格。

2）具有完整的施工操作依据、质量检查记录。

（2）分项工程质量验收合格的规定

1）分项工程所含的检验批均符合合格质量的规定。

2）分项工程所含的检验批的质量验收记录应完整。

（3）分部（子分部）工程验收质量合格的规定

1）分部（子分部）工程所含工程的质量均验收合格。

2）质量控制资料完整。

3）设备安装等分部工程有关安全及功能的检验和抽样检测结构应符合有关规定。

4）观感质量验收应符合要求。

5. 怎样对工程质量不符合要求的部分进行处理？

答：（1）经返工重做更换器具、设备的检验批应重新进行验收。

（2）经有资质的检测单位检测鉴定能够达到设计要求的检验批，应予验收。

（3）经有资质的检测单位检测鉴定能够达不到设计要求、当经原设计单位核算认可能够满足结构安全和使用功能的检验批，可予以验收。

（4）经返修或加固处理的分项、分部工程，虽然改变外形尺寸但仍能满足安全使用要求，可按技术处理方案和协商文件进行验收。

通过返修加固处理仍不能满足安全使用功能要求的分部工程、单位（子单位）工程，严禁验收。

6. 质量验收的程序和组织包括哪些内容？

答：（1）检验批及分项工程应由监理工程师（建设单位项目

技术负责人）组织施工单位项目专业质量（技术）负责人等进行验收。

（2）分部工程应由总监理工程师（建设单位负责人）组织施工单位项目负责人和技术、质量负责人等进行验收；地基基础、主体结构分部工程的勘察、设计单位的项目负责人和施工单位技术、质量部门负责人也应参加相关分部工程验收。

（3）建设单位收到工程报告后，应由建设单位（项目）负责人组织施工（含分包单位）、设计、监理等部门（项目）负责人进行单位（分项单位）工程验收。

（4）当参加验收各方对工程质量验收意见不一致时，可请当地建设行政主管部门或工程质量监督机构协调处理。

7. 建筑给水工程施工质量控制的重点有哪些？

答：建筑给水排水工程是建筑安装工程的一个重要分部，是使用频率较高的部分，与人们正常生活极其密切。为了确保安装的施工质量，在给水排水工程施工检查及监理过程中，发现及存在一些具体问题，需要按工程程序认真控制使其符合质量验收规定要求，具体包括以下内容。

（1）施工图纸的审查

施工图会审是施工管理工作中准备阶段的一项重要工作内容，在工程管理中占有重要的位置。作用是尽量减少施工图中出现的差错或问题，确保施工过程能顺利进行。在工作中一般是由专业监理人员认真查看图纸，熟悉设计意图和结构特点，掌握整个布局并了解细部构造，在审核图纸时尽可能全面发现纸上的所有问题，以便设计人员对审查中提出的问题作修改补充。

1）对图纸的审查原则：设计是否符合现行国家相关标准及规范；是否符合工程建设标准强制性条文的要求；设计资料是否齐全，能否满足施工使用要求；设计是否合理有无遗漏缺项；图中标注有无错误；设备型号、管道编号是否正确完整；其走向及标高、坐标、坡度是否正确；材料选择、名称及型号、数量是否正确。设计说明及设计图中的技术要求是否明确，能否满足该项目的正常使用及维护。管道设备及流程、工艺条件是否明确，如使用压力、温度、介质是否合理安全。对管道、组件、设备的固定、防震、防腐保温，隔热部位及采取的方法，材料及施工条件要求是否清楚。有无特殊材料要求，当满足不了设计要求时可否代换材料及配件等。

2）管道安装与建筑结构间的协调关系：预留洞、预埋件位置与安装的尺寸同实际是否相符合；设备基础位置、标高及尺寸是否满足使用设备及数量规格要求；管沟位置、尺寸及标高能否满足管道敷设的需求；建筑标高基准点和施工放线控制标准是否一致。给排水及消防管道标高与主体结构标高、位置尺寸是否存在矛盾；建筑物设计如主体结构、门窗洞口位置、吊顶及地面、墙面装饰材料等安装时有无相互影响情况。

3）各专业设计之间的协调问题：各种用电设备的位置与供水及控制位置、容量是否相匹配，配件及控制设备可否满足需要；电气线路、管道、通风及空调的敷设位置、走向是否干扰影响，埋地管道或地下管沟与电缆之间是否可以通过满足规范距离要求；连接设备的电气、控制、管道线路与设备的进线连接管位是否相符合。水、电、气及风管或线路在安装施工中的衔接位置和施工程序是否可行；管道井的内部布置是否安全合理，进出管线有无互相干扰；各不同工种安装、调试、试车及试压的配合协调及工作界面分工是否明确，有无影响到进度问题。

（2）施工企业资质及施工方案的审查

1）建筑给水排水工程的施工多数由专业施工队伍来承建，专业施工队伍技术素质的高低将直接影响到工程质量的优劣。把好施工单位资质的审查关刻不容缓，对信誉不好达不到技术资质等级的专业施工单位坚决予以否定，在审查过程中应注意几个问题：首先审核施工企业资质及技术人员技术资格证书，并考察该单位技术管理水平和工程质量管理制度建立情况，考察该施工企业以前的建设业绩，听取使用单位的意见；再者要求该企业操作人员进行现场操作示范，考验其真实技术水平。通过这些简单直观的考核，做到大体上对管理及人员水平的了解，若是由其承担则在施工过程中更具针对性。

2）施工组织措施即施工技术方案，也就是用以指导施工过程中的关键性文件。它制定的方法措施即基本上决定了施工能否正常安全进行的依据。审查要从组织的方式、机构设置、人员安排、设备配置、关键工序及施工重点的措施，与其他工序之间的配合，验收程序及产生质量问题的应急处理等方面认真审查，要分析方案的可行性和合理性。同时还要审查施工企业的进度是否符合工程实际，是否能满足施工合同对工期的要求。在工程正常开展过程中，要随时掌握旬及月进度与计划之间的差距，督促施工进度符合工期的安排。

（3）对进场材料的质量控制

建筑工程所用给水排水材料数以百计，其各种材料、半成品及成品的质量优劣严重影响到所建工程的质量，施工过程中对材料质量的控制内容主要是：各类材料、半成品及成品进场时必须附有正式的出厂合格证及检验报告。检查外观、规格、型号、尺寸、性能是否同报告相符，达不到要求的坚决退场不准进入现场；按照规范要求对阀门、开关、散热器、铸铁管件、排水硬质聚乙烯管材、冷热水用聚丙烯管材及管件要进行复试。按建筑面积 $5000m^2$ 为一检验批，小区 $2000m^2$ 为一检验批。

对于主要配件要提供样品和厂家情况，采取货比三家择优选择的方法订货。虽然进场材料检验合格，但可能存在个别质量有问题的情况，在施工过程中进行抽样检查，对不符合质量要求的坚决更换，决不允许不合格材料用于工程。

（4）对重要细部工序严格控制

关键部位及工序多属于隐蔽项目，如出现失误返工极其困难，因此重点蹲守旁站监督是很有必要的。隐蔽项目必须在隐蔽前检查验收合格后才能进行下道工序，并且记录清楚签证齐全。给水排水工程隐蔽项目主要有：直埋地下或结构中、暗敷于管沟中、管井、吊顶及不进入设备层以及有保温要求的管道。检查内容包括：各种不同管道的水平、垂直间距；管件位置、标高、坡度；管道布置和套管尺寸；接头做法及质量；管道的变径处理；附件材质、支架（墩）固定、基底防腐及防水的处理；防腐层及保温层的做法等。现在大多数建筑物都将排水立管设在管道井内，但部分卫生间的渗漏仍然存在，主要是由于灌水试验不认真。排水管道安装后的灌水试验环节不容忽视，如果不进行详细认真检查，不能及时发现细部问题并及早处理，很可能给用户留下隐患。

8. 建筑电气工程施工质量验收的内容有哪些？

答：（1）施工质量验收的内容

当验收建筑电气工程时，应核查下列各项质量控制资料，且检查分项工程质量验收记录和分部（子分部）质量验收记录应正确，责任单位和责任人的签章齐全。主要包括如下内容：

1）建筑电气工程施工图设计文件和图纸会审记录及洽商记录；

2）主要设备、器具、材料的合格证和进场验收记录；

3）隐蔽工程记录；

4）电气设备交接试验记录；

5）接地连接情况。

（2）验收时抽检的要求

1）大型公用建筑的变配电室，技术层的动力工程，供电干线的竖井，建筑顶部的防雷工程，重要的或大面积活动场所的照明工程，以及5％自然间的建筑电气动力、照明工程；

2）一般民用建筑的配电室和5％自然间的建筑电气照明工程，以及建筑顶部的防雷工程；

3）室外电气工程以变配电室为主，且抽检各类灯具的5％。

（3）质量控制资料

当验收建筑电气工程时，应核查下列各项质量控制资料，且检查分项工程质量验收记录和分部（子分部）质量验收记录应正确，责任单位和责任人的签章齐全。

　　1）建筑电气工程施工图设计文件和图纸会审记录及洽商记录；

　　2）主要设备、器具、材料的合格证和进场验收记录；

　　3）隐蔽工程记录；

　　4）电气设备交接试验记录；

　　5）接地电阻、绝缘电阻测试记录；

　　6）空载试运行和负荷试运行记录；

　　7）建筑照明通电试运行记录；

　　8）工序交接合格等施工安装记录。

9. 建筑电气分部工程验收中检测方法有什么规定？

　　答：（1）电气设备、电缆和继电保护系统的调整试验结果，查阅试验记录或试验时旁站；

　　（2）空载试运行和负荷试运行结果，查阅试运行记录或试运行时旁站；

　　（3）绝缘电阻、接地电阻和接地（PE）或接零（PEN）导通状态及插座接线正确性的测试结果，查阅测试记录或测试时旁站或用适配仪表进行抽测；

　　（4）漏电保护装置动作数据值，查阅测试记录或用适配仪表进行抽测；

　　（5）负荷试运行时大电流节点温升测量用红外线遥测温度仪抽测或查阅负荷试运行记录；

　　（6）螺栓紧固程度用适配工具做拧动试验；有最终拧紧力矩要求的螺栓用扭力扳手抽测；

　　（7）需吊芯、抽芯检查的变压器和大型电动机，吊芯、抽芯时旁站或查阅吊芯、抽芯记录；

　　（8）需做动作试验的电气装置，高压部分不应带电试验，低压部分无负荷试验；

（9）水平度用铁水平尺测量，垂直度用线锤吊线尺量，盘面平整度拉线尺量，各种距离的尺寸用塞尺、游标卡尺、钢尺、塔尺或采用其他仪器仪表等测量；

（10）外观质量情况目测检查；

（11）设备规格型号、标志及接线，对照工程设计图纸及其变更文件检查。

🧍‍♂️ 10. 通风与空调工程施工质量验收的内容有哪些？

答：工程施工质量验收的内容包括施工过程的工程质量验收和施工项目竣工质量验收。施工过程的工程质量验收，是在施工过程中、在施工单位自行质量检查评定的基础上，参与建设活动的有关单位共同对检验批、分项、分部、单位工程的质量进行抽样复验，根据相关标准以书面形式对工程质量达到合格与否作出确认。施工项目竣工验收工作可分为验收的准备、初步验收（预验收）和正式验收。

（1）工程质量验收程序和组织

1）检验批及分项工程应由监理工程师（建设单位项目技术负责人）组织施工单位项目专业质量（技术）负责人等进行验收。

2）分部工程应由总监理工程师（建设单位项目负责人）组织施工单位项目负责人和技术、质量负责人等进行验收。设计单位和质量部门也应参加。

3）单位工程完工后，施工单位应自行组织有关人员进行检查评定，并向建设单位提交工程验收报告。

4）建设单位收到工程验收报告后，应由建设单位（项目）负责人组织施工（含分包单位）、设计、监理等单位（项目）负责人进行单位（子单位）工程验收。

5）单位工程由分包单位施工时，分包单位对所承包的工程项目应按本标准规定的程序检查评定，总包单位应派人参加。分包工程完成后，应将工程有关资料交总包单位。

6）当参加验收各方对工程质量验收意见不一致时，可请当地建设行政主管部门或工程质量监督机构协调处理。

7）单位工程质量验收合格后，建设单位应在规定时间内将工程竣工验收报告和有关文件，报建设行政管理部门备案。

（2）竣工验收资料

1）通风与空调工程的竣工验收，是在工程施工质量得到有效监控的前提下，施工单位通过整个分部工程的无生产负荷系统联合试运转与调试和观感质量的检查，按《通风与空调工程施工质量验收规范》的要求将质量合格的分部工程移交建设单位的验收过程。

2）通风与空调工程竣工验收，应由建设单位负责，组织施工、设计、监理等单位共同进行，合格后即应办理竣工验收手续。

3）通风与空调工程竣工验收时，应检查竣工验收资料，一般包括下列文件和记录：

① 图样会审记录、设计变更通知书和竣工图。

② 主要材料、设备、成品、半成品和仪表的出厂合格证明及进场检（试）验报告。

③ 隐蔽工程检查验收记录。

④ 工程设备、风管系统、管道系统安装及检验记录。

⑤ 管道试验记录。

⑥ 设备单机试运转记录。

⑦ 系统无生产负荷联合试运转与调试记录。

⑧ 分部（子分部）工程质量验收记录。

⑨ 观感质量综合的检查记录。

⑩ 安全和功能检验资料的核查记录。

（3）观感质量检查

1）风管表面应平整、无损坏；接管合理。风管的连接以及风管与设备或调节装置的连接，无明显缺陷。

2）风口表面应平整，颜色一致，安装位置正确。风口可调节部件应能正常动作。

3）各类调节装置的制作和安装应正确牢固，调节灵活，操作方便。防火及排烟阀等关闭严密，动作可靠。

4）制冷及水管系统的管道、阀门及仪表安装位置正确，系统无渗漏。

5）风管、部件及管道的支、吊架形式、位置及间距应符合规范要求。

6）风管、管道的柔性接管位置应符合设计要求，接管正确、牢固、自然无强扭。

7）通风机、制冷机、水泵、风机盘管机组的安装应正确牢固。

8）组合式空气调节机组外表面平整光滑，接缝严密，组装顺序正确，喷水室外表面无渗漏。

9）除尘器、积尘室安装应牢固、接口严密。

10）消声器安装方向正确，外表面应平整无损坏。

11）风管、部件、管道及支架的油漆应附着牢固、漆膜厚度均匀，油漆颜色与标志符合设计要求。

12）绝缘层的材质、厚度应符合设计要求；表面平整、无断裂和脱落；室外防潮层或保护壳应顺水搭接、无渗漏。

（4）净化空调系统的观感质量检查

1）空调机组、风机、净化空调机组、风机过滤器单元和空气吹淋室的安装位置应正确，固定牢固，连接严密，其偏差应符合规范有关规定。

2）高效过滤器与风管、风管与设备的连接处应有可靠密封。

3）净化空调机组、静压箱、风管及送风风口清洁无积尘。

4）装配式洁净室的内墙面、吊顶和地面应光滑、平整、色泽均匀、不起灰尘，地板静电值应低于设计规定。

5）送回风口。各类末端装置以及各类管道等与洁净室内表面的连接处密封处理应可靠、严密。

11. 自动喷水灭火系统工程验收的内容有哪些?

答:自动喷水灭火系统工程验收内容如下:

(1) 水源

1) 水源包括消防水池、高位水箱、压力水罐和市政供水管网的水量和水压。

2) 消防泵以及补压泵的性能,包括启动、吸水、流量和扬程。

3) 消防泵动力及备用动力。

(2) 喷头

1) 喷头的温级、类型与间距。

2) 在腐蚀性场所安装的喷头的防腐措施。

3) 喷头下方是否存在阻挡喷水的障碍物,如隔板、管路及灯具等。

4) 备用喷头的数量。

(3) 报警控制阀

1) 设置地点,阀室位置、环境及排水设施。

2) 各个阀门,包括水源闸阀、手动阀、放水阀、试警铃阀等的正常位置,指示标记和相应的技术措施。

3) 报警阀各部件组成的合理性。

(4) 管路

1) 管路的固定和吊架的布置。

2) 管路的布置。

3) 冲洗和检查口,末端试验装置和排水装置。

(5) 其他的要求

1) 自动喷水、灭火系统与火灾自动探测报警装置的联动性。

2) 自动充气装置和传动管路。

3) 水雾系统中喷头与管路、电气设施的间距。

4) 喷雾喷头过滤装置。

完成上述检查后,应对系统进行试验,以检查系统中各部位的联动性能。对湿式系统可通过末端试验装置进行试验。试验时，打开末端试验装置的放水阀，通过喷嘴放水模拟喷头喷水，此时湿式阀应立即开启，水力警铃应发出响亮声响，压力开关等部件亦应发出相应信号。对于干式系统和预作用系统，同样可以进行上述试验，检查由喷头开启至水喷出的时间，即系统管路充水时间。对雨淋系统等开式系统的试验，则可通过雨淋阀中的手动阀来进行。经过检查和试验，符合规范和技术要求的，即可投入正常运行。

12. 智能建筑工程质量验收的一般规定有哪些？

答：智能建筑工程质量验收的一般规定如下：

（1）智能建筑工程质量验收应包括工程实施及质量控制、系统检测和竣工验收。

（2）智能建筑分部工程应包括通信网络系统、信息网络系统、建筑设备监控系统、火灾自动报警及消防联动系统、安全防范系统、综合布线系统、智能化系统集成、电源与接地、环境和住宅（小区）智能化等子分部工程；子分部工程又分为若干个分项工程（子系统）。

（3）智能建筑工程质量验收应按"先产品，后系统；先各系统，后系统集成"的顺序进行。

（4）智能建筑工程的现场质量管理应符合规范的要求。

（5）火灾自动报警及消防联动系统、安全防范系统、通信网络系统的检测验收应按相关国家现行标准和国家及地方的相关法律法规执行；其他系统的检测应由省市级以上的建设行政主管部门或质量技术监督部门认可的专业检测机构组织实施。

13. 特种设备施工管理和检验验收的制度有哪些？

答：特种设备设施验收制度包括如下内容：

（1）特种设备定期检验申报工作由特种设备安全管理部门负责。

（2）每年年初由特种设备安全管理部门会以设备部门和使用部门制定年度检验计划并报特种设备监察部门和有资质的检验单位。

（3）特种设备的检验周期按特种设备有关法规、安全监察部门以及检验部门的要求进行，但至少应执行下列规定：

1）锅炉：每年至少一次外部检验；每两年至少进行一次内外部检验；每六年至少进行一次水压试验。

2）压力容器：每年至少进行一次外部检查；每三至六年进行一次内外部检验；每两次内外部检验期间内至少进行一次耐压试验。

3）起重设备：每两年至少进行一次检验。

4）厂内机动车辆：每年至少进行一次检验。根据工作环境、工作级别和存在隐患程度调整缩短检验周期，但是最短周期不低于6个月。

（4）特种设备安全管理部门根据每年年初制定年度检验计划，提前一个月与有资质的检验单位预约检验时间。安技办根据检验单位确定的检验时间，提前告知生产部门、设备部门和使用部门。

（5）特种设备检验前，由使用部门按规定做好特种设备检验前的各项准备工作，如：清洁、清洗、检修以及为安全检验而必须采取的安全措施等。

（6）特种设备检验时，特种设备安全管理部门、设备部门和使用部门应在场配合检验单位做好检验工作。

（7）特种设备检验后，由特种设备安全管理部门领取检验报告的各项手续。特种设备存在问题时，特种设备安全管理部门应将检验报告内指出的存在问题告知设备部门和使用部门。

（8）特种设备检验时发现的问题，由设备部门和使用部门组织整改，特种设备安全管理部门实施监督并向监察和检验单位汇报整改情况。

（9）未经定期检验或者检验不合格的特种设备，不得继续使用。

（10）特种设备因故停用半年以上，应当向原登记的特种设备安全监督管理部门备案；启用已停用的特种设备，应当到原登记的特种设备安全监督管理部门重新办理登记手续；启用已停用一年以上的特种设备，还应当向特种设备检验检测机构申报检验。

（11）特种设备管理人员必须建立特种设备安全技术档案，其内容主要有：

1）特种设备的设计文件、制造单位产品质量合格证明、使用维护说明书等文件以及安装技术文件和资料。

2）特种设备的定期检验和定期自检的记录。

3）特种设备的日常使用状况记录。

4）特种设备及其安全附件、安全保护装置、测量调控装置及有关附属仪器仪表的日常维护保养记录。

5）特种设备运行障碍和事故记录。

14. 消防工程验收的规定有哪些？

答：建筑工程消防验收程序如下：

（1）建筑工程竣工后，建设单位应向公安消防机构提出工程项目消防验收申请，经验收合格后方可投入使用。

（2）公安消防机构受力工程竣工验收申请后，验收具体经办人应检查资料是否符合要求，不符合要求的及时告知申请单位补齐，并在验收前 1~2 日通知建设单位做好使用三年后相关准备。

（3）按消防工程验收程序的规定由不少于 2 人的消防监督员到现场进行验收，参加验收的消防监督员应着制式警服，佩戴《公安消防监督检查证》，具体验收程序如下：

1）参加验收的各单位介绍情况。建设单位介绍工程概况和自检情况，设计单位介绍消防工程设计情况，施工单位介绍工程施工及调试情况，监理单位介绍工程监理情况，检测单位介绍检测情况。

2）分组现场检查验收。验收人员应该边验收、边测试，并如实填写消防验收记录。

3）汇总验收情况。各小组分别对验收情况作汇报，根据项目所在省、自治区和直辖市公安消防总队制定的《建筑工程消防验收评定规则》，按子项、分项、综合的程序进行评定，评定结论在验收记录表中如实记载，并将初步意见向建设单位、施工单位、设计单位、监理单位等参加验收的其他单位提出，对不符合规范要求的及时向建设单位提出整改意见。

（4）参加验收的建设、施工、设计及监理单位发表意见或提出问题时，消防机构车间验收的人员应给与答复，不能当场答复的应予以解释。

（5）消防工程验收或复查合格后，各单位创建验收的人员和消防机构参加验收的人员在验收申请表上签名。

（6）工程验收承办人应及时填写验收意见书，行文呈批表，并整理验收档案送领导审批。

（7）建设单位到窗口出具回执，取回验收意见书。

（8）验收和复查不合格时，建设单位应组织各有关单位按《建筑工程消防验收意见书》提出的问题进行整改，整改完毕后重新向公案消防机构申请复验，复验程序与申请验收程序相同。

15. 什么是法定计量单位？使用和计量器具检定的规定有哪些？

答：（1）法定计量单位

法定计量单位是强制性的，各行业、各组织都必须遵照执行，以确保单位的一致。我国的法定计量单位是以国际单位制（SI）为基础并选用少数其他单位制的计量单位来组成的。

我国的法定计量单位（以下简称法定单位）包括：

1）国际单位制的基本单位；

2）国际单位制的辅助单位；

3）国际单位制中具有专门名称的导出单位；

4）国家选定的非国际单位制单位；

5）由以上单位构成的组合形式的单位；

6）由词头和以上单位所构成的十进倍数和分数单位。

（2）计量检定方法

1）整体检定法。整体检定法又称为综合检定法，它是主要的检定方法。这种方法是直接用计量基准、计量标准来检定计量器具的计量特性。

优点整体检定法的优点：简便、可靠，并能求得修正值。如果被检计量器具需要而且可以取修正值，则应增加计量次数（例如把一般情况下的3次增加到5~10次），以降低随机误差。

整体检定法的缺点：当受检计量器具不合格时，难以确定这是由计量器具的哪一部分或哪几部分所引起的。

2）单元检定法。单元检定法又称为部件检定法或分项检定法。它分别计量影响受检计量器具准确度的各项因素所产生的误差，然后通过计算求出总误差（或总不确定度），以确定受检计量器具是否合格

16. 实施工程建设强制性标准监督内容、方式、违规处罚的规定有哪些？

答：（1）工程建设强制性标准监督规定

工程建设强制性标准是直接涉及工程质量、安全、卫生及环境保护等方面的工程建设标准强制性条文。

《工程建设强制性条文》是工程建设过程中的强制性技术规定，是参与建设活动各方执行工程建设强制性标准的依据。执行《工程建设强制性条文》既是贯彻落实《建设工程质量管理条例》的重要内容，又是从技术上确保建设工程质量的关键，同时也是推进工程建设的标准体系改革所迈出的关键的一步。强制性条文的正确实施，对促进房屋建筑活动健康发展，保证工程质量、安全，提高投资效益、社会效益和环境效益都具有重要的意义。

（2）强制性标准监督检查的内容

1）有关工程技术人员是否熟悉、掌握强制性标准。

2）工程项目的规划、勘察、设计、施工、验收等是否符合强制性标准的规定。

3）工程项目采用的材料、设备是否符合强制性标准的规定。

4）工程项目的安全、质量是否符合强制性标准的规定。

5）工程中采用的导则、指南、手册、计算机软件的内容是否符合强制性标准的规定。

6）工程建设标准批准部门应当将强制性标准监督检查结果在一定范围内公告。

7）工程建设强制性标准的解释由工程建设标准批准部门负责。

有关标准具体技术内容的解释，工程建设标准批准部门可以委托该标准的编制管理单位负责。

8）工程技术人员应当参加有关工程建设强制性标准的培训，并可以计入继续教育学时。

9）建设行政主管部门或者有关行政主管部门在处理重大工程事故时，应当有工程建设标准方面的专家参加；工程事故报告应当包括是否符合工程建设强制性标准的意见。

10）任何单位和个人对违反工程建设强制性标准的行为有权向建设行政主管部门或者有关部门检举、控告、投诉。

11）建设单位有下列行为之一的，责令改正，并处以 20 万元以上 50 万元以下的罚款。

① 明示或者暗示施工单位使用不合格的建筑材料、建筑构配件和设备的；

② 明示或者暗示设计单位或者施工单位违反工程建设强制性标准，降低工程质量的。

12）勘察、设计单位违反工程建设强制性标准进行勘察、设计的，责令改正，并处以 10 万元以上 30 万元以下的罚款。

有前款行为，造成工程质量事故的，责令停业整顿，降低资质等级；情节严重的，吊销资质证书；造成损失的，依法承担赔偿责任。

13）施工单位违反工程建设强制性标准的，责令改正，处工程合同价款 2％以上 4％以下的罚款；造成建设工程质量不符合规定的质量标准的，负责返工、修理，并赔偿因此造成的损失；情节严重的，责令停业整顿，降低资质等级或者吊销资质证书。

14）工程监理单位违反强制性标准规定，将不合格的建设工程以及建筑材料、建筑构配件和设备按照合格签字的，责令改正，处 50 万元以 100 万元以下的罚款，降低资质等级或者吊销资质证书；有违法所得的，予以没收；造成损失的，承担连带赔偿责任。

15）违反工程建设强制性标准造成工程质量、安全隐患或者工程事故的，按照《建设工程质量管理条例》有关规定，对事故责任单位和责任人进行处罚。

16）有关责令停业整顿、降低资质等级和吊销资质证书的行政处罚，由颁发资质证书的机关决定；其他行政处罚，由建设行政主管部门或者有关部门依照法定职权决定。

17）建设行政主管部门和有关行政部门工作人员，玩忽职守、滥用职权、徇私舞弊的，给予行政处分；构成犯罪的，依法追究刑事责任。

第七节 识别质量缺陷，进行分析和处理

1. 怎样识别建筑给水系统存在的问题并进行分析处理？

答：（1）生活给水方面

1）水表安装出现的问题。现在许多建筑为抄表的方便和建筑的美观，一般都把各楼层用户的管道总阀门以及水表设置在了建筑首层的公共地方，而且没有较强的防护措施。如果用户要维修水管或是出现被别的居民误关阀门的情况就必须到楼下检查或处理，这样不仅会非常麻烦而且还会带来不必要的纠纷。如果把所有水表布置在一起，还会因为管井尺寸不足或是施工技术不佳

造成水表之间距离过小，给抄表和维修造成很多不变，而且如果表线布置的有问题也会影响水表的正常运行。

2）生活水池。排水管道管径选择不当，而且没有任何防护措施。一些工程的排水管道的管径小于进水管道的管径，出口直接深入集水井内，这样设计的话一旦出现水位失控，就不能够保证多余的水可以从排水管道顺利排出，甚至还会导致积水回流，污染水质。

3）给水管材选择不当。一些工程中给水管道选用镀锌钢管作为给水管道，因为镀锌钢管会和水中的杂质发生化学反应，所以就容易导致管道接口或表面容易出现锈蚀，不仅导致管道的使用寿命缩短，而且也影响了居民生活的水质。

（2）消防给水方面

消防方面经常出现的就是管道的选用和安装出现的问题。现在一些建筑商为节省成本，会将塑料给水管道用于消防，或是将给水管道和消防管道混用。但是塑料管道在受热之后强度较低，假如发生了火灾塑料管道会因为强度过大出现损坏，不能够保证消防用水的正常输送。还有就是部分消防栓安装的不合理，有许多建筑中设置在墙壁内的消防栓上没有设置过梁，长期之后就会造成箱体的形变，箱门打开受阻，在火灾发生时不能够在最快速度内打开消防栓，耽误救火的时间。

（3）建筑给水排水施工监管的主要措施

建筑给水排水工程的施工监管可以大致从施工前期阶段、基础主体结构施工阶段、主体装修施工阶段以及工程竣工阶段这四个阶段入手，进行监管。

1）施工前期阶段的监管。在施工前期阶段主要就是认真了解施工设计安排和材料的选用。其中首先就是对建筑的施工图纸进行详细的阅读，充分了解设计者的设计意图和要求，以保证在施工过程中可以严格按照设计者的设计意图展开施工。另外还要注意的就是材料的选用，在给水排水工程中施工材料的选用以及管道的质量好坏对整个给水排水工程的质量有着非常重要的影响。所以必须做好有关材料的采购工作，建立严格的检查、验收制度，确保所用材料达到相关的标准，如果发现有不符合标准的材料应立即清理出施工现场。

2）基础主体结构施工阶段的监管。在主体结构施工阶段主要就是保证管道系统的铺设不受影响。特别是在给水排水系统的引入管和排出管穿越建筑物基础处、地下室和地下构筑物外墙体处时，一定要检查是否是按照设计要求预留了孔洞以及是否设置了应有的套管。还有就是在浇制混凝土前，应注意伸出地面管道的垂直度是否和施工图纸吻合，管道的安装位置是否符合要求等，在各个细节处一定要严格监督，才能确保在基础主体施工阶段不出现问题。

3）主体装修施工阶段的监管。主体装修施工阶段就是对排水系统相关设备进行安装的阶段，需要注意的是在管道经过建筑物结构的伸缩缝、抗震缝以及沉降缝时一定要设置必要的补偿装置，在管道安装前，应该首先打通所有管道。在各楼层预留下的管道安装孔洞，采取自上而下的吊线方式来确定基准线然后进行安装。安装完毕后，还要检查管道是否安装在了垂直线上后才可以用管。如果管道的垂直度以及其与墙之间的距离符合要求，卡固定。这些工作都完成之后还要将所有孔洞按照施工和设计要求全部修补好。

4）工程竣工阶段的监管。在工程竣工阶段主要就是进行检查和验收。建筑给水排水系统的最后检查不仅包括采取外观检查、水压试验、通水试验以及灌水试验等措施的检查，还有就是通过相关施工细节来对工程质量进行的全面检查。这里需要注意的是排水系统中排水管的坡度处理的是否恰当，按照相关规范来进行严格检查，以防出现倒坡或是堵塞现象，以及涉及的水表、水泵、卫生器具的安装是否合理等。

2. 怎样识别建筑电气照明工程的质量缺陷并进行分析处理？

答：（1）建筑电气安装出现常见质量问题的原因

1）挂靠施工企业"以包代管"现象严重和施工企业自身不

重视。随着招标投标市场放开，施工企业或承包商为了提高中标几率，千方百计多挂几家施工企业进行投标，一旦中标后，自然就出现了挂靠现象，而施工企业或承包商为了追求利润的最大化，一般把被挂靠的施工企业管理费压得很低，只要求被挂靠施工企业负责工程相关资料的签章确认及工程进度款转账，这就是"以包代管"了。施工企业或承包商对建筑安装工程实行再次分包，从中提取一些抽成，通俗称为"包工包料"；还有一种是施工企业或承包商对建筑安装工程分包给安装队伍施工，但工程材料及设备由承包商自己采购，通俗称为"包工不包料"。

施工企业对建筑电气安装质量不重视，企业内部的质量保证体系往往只"注重主体结构、轻建筑安装"，忽视了建筑安装也是贯穿于整个建筑工程，施工企业未对工程项目部选派建筑安装项目专业技术负责人和建筑安装质量检查员管理人员，安装施工人员缺少专业技术培训，无证上岗，对设计图纸、国家规范标准不熟悉，施工隐蔽前的安装工程出现质量问题。

2）未能严把工程材料和设备质量关。工程材料和设备质量的好坏，是建筑安装工程能否顺利进行的根本保证，必须从源头上对材料和设备进行严格的质量把关。工程材料和设备必须有合格证明资料，产品主要技术参数及性能必须符合设计要求和现行有关国家技术标准，对不合格产品或降低标准的产品禁止用于工程。

3）未能做好建筑安装技术交底工作。众所周知，施工现场的安装人员专业水平参差不齐，项目部专业管理人员对下一道工序安装的部位、工艺的难点和要点必须进行技术交底，特别是安装工艺，有的需要到做个工艺示范点，并要讲解这样做的原因，让安装人员知其然而知所以然，否则，看似简单的安装，施工不当就会产生质量问题，引起不必要的经济损失，甚至会造成人身安全事故。

（2）建筑电气安装工程的质量控制措施

1）建立奖优罚劣机制，促进建筑行业自我管理，政府部门出台相关规定,让施工企业加强自我管理。如在资质年检时,规定不同级别的施工企业在规定的期间内要创建一定数量的优质工程和安全文明施工示范工地,否则企业就要降级处理,促进企业加强自我管理,变"要我做好"为"我要做好"。

2) 加强施工企业及项目机构人员素质管理。施工企业人员素质直接影响工程质量目标,是工程质量优劣的决定性因素。施工企业人员的素质涵盖了工程施工活动过程的决策能力、管理能力、经营能力、控制能力、作业能力等多个方面。因此,控制建筑安装工程质量措施首先要从严格人员准入和提高人员素质抓起;控制建筑安装工程质量措施必须加强施工企业人员的专业培训和考核,坚持持证上岗;控制建筑安装工程质量措施必须按《工程建设施工企业质量管理规范》GB/T 50430—2007 及《建设工程项目管理规范》GB/T 50326—2006 要求制定采购管理制度、工作程序和采购计划,做到计划未经审批不得用于采购,未经验收的工程材料和设备不得用于工程施工。

3) 加强现场建筑安装工艺质量程序控制。现场建筑安装质量控制应分以下 4 个步骤:①施工准备阶段,建筑安装专业人员应进行图纸自审。重点对线路复杂和交叉口多的部位审查,发现问题及时做好记录,有效地减少了对今后施工质量及施工进度的影响;②参加图纸会审(或叫设计交底)。把自审发现问题与设计人员交流,图纸内有错的由设计单位进行变更,图纸要求不明确的,可以请设计人员当场明确解决,图纸要求不理解或不清楚的问题可以当场向设计人员请教解决;设计人员也可以根据该工程特性及设计意图把图纸中技术要点和技术难点进行详细讲解,有效地减少了对今后施工质量及施工进度的影响;③施工技术交底。施工单位在对下一道工序或施工部位安装前,按照设计文件和国家规范标准要求,施工专业管理人员对参加安装的人员进行技术交底,详细讲解将要安装的工序、部位应注意的技术难点和技术要点,认真讲述这样做的原因以及不这样做导致的后果,引起安装人员高度重视,有效地减少了安装质量问题的产生；④根据工程实际情况，对大面积功能相同的房间或楼层，可以先做样板间、样板层，经相关专业技术人员验评合格后，再全面铺开工作。

3. 消声器内消声材料脱落、风管安装中的质量问题怎样处理？

答：（1）消声器内消声材料脱落

1）现象。消声器在安装或使用时，消声材料脱落。

2）防治措施。①胶粘剂要选用粘接强度高、固化时间短、稠度适宜的产品。为避免粘接的聚氨酯泡沫塑料表面受力不均匀，除刷胶粘剂时应根据消声材料的尺寸外，可分段均匀地涂刷，待消声材料粘接后可用木板等负重均匀压实。②消声材料粘接前，必须将风管表面的水分、油污等杂物擦干净，增加粘接的强度，防止消声材料脱落。③应选用符合要求的玻璃纤维布、细布、麻布等织物及金属丝网和塑料纱网等成型覆面材料，覆棉层必须按设计要求或标准图的规定拉紧后装订，保持松散消声材料的均匀分布，外表平整、牢固，在运输、安装、运转中不变形。④在加工金属穿孔板时，经过冲孔、钻孔后，孔口一般会出现毛刺，它会划破松散消声材料的覆面层，当用作共振腔时会产生噪声，因此必须将孔口的毛刺锉平。

（2）风管系统安装中的质量问题

1）风管安装不平直。①现象。风管不平直，中心偏移，法兰的接口间距不均匀，风管系统漏风量大。②预防措施。a. 水平风管的支、吊架按设计或规范要求的间距应等距离排列，但遇到有风口、风阀等部件，应适当地错开一定距离，支、吊架的预埋件或膨胀螺栓的位置应正确牢固，吊杆或支架的标高调整后应保持一致，对于有坡度要求的风管，其标高按其坡度保持一致。b. 圆形风管用法兰管口翻边宽度调整风管的同心度，矩形风管可调整或更换法兰，使其对角线相等，并保证风管表面和平整度控制在5~10mm范围内。在进行风管平整度检验时，对矩形风管应在横向拉线，用尺量其凹凸的高度，对圆形风管应纵向拉线，用尺量其凹凸的高度。c. 法兰与风管垂直度可按实际偏差情况来处理，如偏差较小，可用增加法兰垫片厚度或螺母拧紧度来调整，如偏差较大，法兰则需要返工重新找方、翻边铆接。d. 法兰互换性差，可对螺栓孔进行扩孔处理，一般可扩大 1～2mm，如误差过大，则另行钻孔。法兰平整度差，可用增大法兰垫片进行调整，但增厚的法兰垫片必须保证完整性，对接的垫片必须用密封胶粘接，以保证风管连接后的严密性，但各个螺栓的螺母必须保持松紧度一致。

2）穿越屋面的风管无防雨和稳固措施。①现象。风管穿越屋面处漏水、渗水、风管穿越屋面后不稳固。②防治措施。a. 风管穿越屋面后，管身必须完整无损，不得有钻孔或其他损伤。风管穿越屋面后，应在风管与屋面的交界处设置防雨罩。风管上的法兰采用涂料、垫料等密闭措施进行密封，防雨罩应设路在建筑结构预制圈的外侧。b. 风管穿出屋面高度超过 1.5m 时，应设拉索固定，也可用固定支架或利用建筑结构固定。采用拉索牵固时，拉索不应少于 3 根。拉索不能直接固定在风管或风帽上，应用抱箍固定在法兰的上侧，以防止下滑。严禁将拉索的下端，固定在避雷针或避雷网上。

4. 通风与空调设备安装中的质量问题如何处理？

答：（1）空调器安装质量不符合要求的情况

1）现象。表面凹凸不平整，各空气处理段连接有缝隙，空气处理部件离壁板有明显缝隙，减振效果不良，排水管漏风。

2）防治措施。①空调器安装前应检查基础的尺寸、位置是否符合设计的要求。设备就位前，应按施工图并依据有关建筑物的轴线、边缘或标高放在安装位置基准线。平面位置安装基准线对基础实际轴线（如无基础时则有厂房墙或柱的实际轴线或边缘线）距离的允许偏差为 ±20mm。设备上定位基准的面、线或点，对安装基准线的平面位置和标高的允许偏差为：平面位置

±10mm;标高±20～10mm。②空气过滤器、表面冷却器、加热器与空调器连接，其间隙应密封。③空调器与基础接触处，应有减振措施。一般空调器与基础之间垫上厚度不小于5mm的橡胶板。为了保持橡胶板在基础上的平整度，必须用胶粘剂粘牢后，再安装空调器。④空调器凝结水排水管应设水封装置。水封的高度应根据空调系统的风压大小来确定。

（2）空气过滤器不严密

1）现象。空气过滤器箱体漏风；过滤器与过滤器框架不严密。

2）防治措施。①过滤器的板材连接和过滤器与风管连接方式，与风管制作的连接方式相同。对于板厚小于1.2mm的采用咬口连接；对于板厚大于1.2mm的采用铆接。咬口形式可采用转角咬口和联合角咬口，尽量避免按口式咬口。拼接板材可采用单平咬口。②箱体与箱体框架的间隙除连接点外，一般保持在3mm左右。箱体与过滤器框架必须使上下和左右四根角钢连接严密无缝隙。箱体与过滤器框架采用螺栓紧固时，其间必须垫上密封垫片。③制作框架的角钢下料后，必须对角钢进行检查，组装点焊后应进行校正，合格后方能焊接，其垂直度可按非标准设备制作的标准进行检查。④箱体上的咬口缝或铆接后的搭接缝、铆钉孔，必须用密封胶密封。

（3）空调制冷系统安装的质量问题

1）现象。可能产生凝结水的机组和辅助设备的基础旁未设置排水槽，机组和辅助设备产生的凝结水造成地面积水。

防治措施。在可能产生凝结水的机组和辅助设备的基础旁留出排水槽，排水槽底应有不小于5/1000的坡度，坡向机房排水口或集水井。

2）现象。机组或辅助设备的地脚螺栓露出螺母过长且生锈。

防治措施。螺栓露出螺母部分应为1.5～3个螺距，外露的螺栓应涂抹钙基脂（大黄油）。

（4）空调水系统管道与设备安装

1）现象。系统内杂物过多，影响系统供暖、供冷效果。防治措施：管道安装前要将管道内的污物清除干净以后方能安装；系统清洗一定要达到相应的质量要求后方能结束。

2）现象。系统个别空调效果不好。防治措施：产生这种情况的原因往往是个别位置管道有倒坡的现象，或者个别管道有堵塞现象。施工过程当中操作人员要严格按照设计控制管道坡度，安装水过滤器前要仔细检查，防止过滤器本身被异物堵塞。系统运行一段时间后，也要及时清洗过滤器。

3）现象。风机盘管的冷凝水从接水盘中溢出，污染顶棚。防治措施：①风机盘管在安装时，要有一定的坡度，坡向接水盘的排水侧。②管道保温结束后要及时清理风机盘管接水盘中遗留的保温废料，并在接水盘中灌水，看排水是否畅通。

5. 空调系统防腐与绝热质量问题怎样处理？

答：（1）风管保温性能不良

1）现象。送风温度偏高，室温降低缓慢，风管保温层局部表面结露，甚至有滴水现象。

2）防治措施。①保温材料的厚度应按设计图纸要求施工。如设计图纸没有明确规定时，应根据"采暖通风国家标准图集"，依工程所在地区确定保温材料的厚度，对于松散的保温材料，在保温时应严格掌握铺设的厚度，并力求达到铺设均匀。两垂直侧面的保温散材应防止下坠。②在安装过程中仍保证风管的平整，并防止在交叉施工中受到踩踏。风管表面如果出现不平整，对于自熄型硬泡沫塑料保温材料与风管互相接触的间隙增大，保温效果将降低。对于半硬性的岩棉或玻璃丝纤维板，保温效果影响则较小。③另外保温板料的纵、横向的接缝要错开，特别是风管法兰不能外露，可采用插接等工艺，将法兰包在保温板料中。各种接缝要控制在最小限度，不得使用过小的零碎板料并接而降低保温效果。

（2）空调系统保温工程留有尾项

1）现象。空调系统投入运行后，未保温部位产生凝结水。

2）防止措施。①风管系统的消声器等部件应进行保温；对于风量调节阀在不影响启闭情况下，也应进行保温。②散流器或百叶通风口等隐蔽在顶棚内的部分，特别是软吊顶，必须连同风管、风阀一起保温。③为了调节和维修的方便，冷冻水管道上的阀门应单独保温，并应做到能单独拆卸。④与风机盘管、诱导器连接的风管和冷冻水管，以及其他产生凝结水的部位，必须连同支、干管一起进行保温。

6. 怎样识别自动喷水灭火工程中管网敷设的质量缺陷并进行分析处理？

答：1）管材选用了焊接钢管。应根据设计要求和规范要求更换为热镀锌管。

2）给水管网采用镀锌钢管时，漏做试验机防腐处理。应根据设计要求和规范要求补做试压试验，达到要求后补做防腐绝缘处理。

3）吊顶内的阀门未进行强度试验就安装，吊顶内的消防水管未做防结露保温。吊顶内的阀门均应进行强度试验后安装，且吊顶内的喷淋水管应补做防结露保温，且需验收合格后进行下道工序作业。

4）管道的吊架的布置间距过大、支架安装牢固、没有做到横平竖直。应按照设计要求和规范规定，调整管道支架间距不大于规定要求，安装后应牢固可靠，满足管道敷设需要，支架安装做到横平竖直，确保管道施工质量。

5）管口存在施工毛茬、铁刺、油污。为配合喷头和支管等进一步施工，应冲洗和检查管口，检查末端试验装置和排水装置，确保施工质量和安全，为设备功能正常发挥奠定基础。

7. 怎样识别建筑智能化工程中线缆敷设、综合布线的质量缺陷并进行分析处理？

答：建筑智能化工程线缆敷设施工现场控制重点包括如下

内容：

（1）线缆管线与其他专业相碰，把发现的问题集中汇总，提供给设计单位，组织设计交底，把提出的问题形成解决方案文件，进行会签确认，并及时办理设计变更手续。

（2）线缆施工与土建及各专业施工之间在时间、空间、资源利用等发生矛盾。根据项目进度安排，在项目经理部统一协调下，按照施工组织设计和施工进度计划安排有序、合理、协调地展开线缆敷设和相关器材的安装工作。

（3）线缆管路盒（箱）安装与敷设方式不当，光缆跳线连接操作不当等；严格按照施工技术交底要求，严格遵守和执行操作规程和程序，确保安装与敷设施工质量和操作人员安全。

（4）用肉眼直接观看或用手触摸带电裸露部分造成人员伤害。光纤裸露部分带电时，不能用肉眼直接观看或用手触摸，防止造成人身伤害事故。

（5）综合布线的接地线未采用绝缘导线引至设备间，导致接地线出现电位差。最好采用绝缘导线引至设备间，确保接地线上不出现电位差。

第八节　调查、分析质量事故

1. 质量事故调查处理的实况资料有哪些？

答：要清楚质量事故的原因和确定处理对策，首先要掌握质量事故的实际情况。有关质量事故实况资料包括：

（1）施工单位的质量事故调查报告的质量事故发生后，施工单位有责任就所发生的质量事故进行周密的调查、研究掌握情况，并在此基础上写出调查报告，提交监理工程师和业主。在调查报告中首先就与质量事故有关的实际情况作详尽的说明，其内容包括：

1）质量事故发生的时间、地点；

2）质量事故状况的描述；

3) 质量事故发展变化的情况;

4) 有关质量事故的观测记录、事故现场状态的照片或录像。

(2) 监理单位调查研究所获得的第一手资料其内容大致与施工单位调查报告中有关内容相似,可用来与施工单位提供的情况对照、核实。

2. 如何分析质量事故的原因?

答:事故原因分析应建立在事故调查的基础上,其主要目的是分清事故的性质、类别及其危害程度,为事故处理提供必要的依据。因此,施工分析是事故处理工作程序中的一项关键工作,它包括如下几方面内容:

(1) 确定事故原点

事故原点是事故发生的初始点。事故原点的状况往往反映出事故的直接原因。因此,在事故分析中,寻找与分析事故原点非常重要。找到事故原点后,就可围绕它对现场上各种现象进行分析。把事故发生和发展的全部揭示出来,从中找出事故的直接原因和间接原因。

(2) 正确区别同类型事故的不同原因

同类事故,其原因会不同,有时差别很大。要根据调查的情况对事故进行认真、全面的分析,找出事故的根本原因。

(3) 注意事故原因的综合性

不少事故,尤其是重大事故往往涉及设计、施工、材料产品质量和使用等几个方面。在事故原因分析中,要全面估计各种因素对事故的影响,以便采取综合治理措施。

第九节 编制、收集、整理质量资料

1. 怎样编制、收集、整理隐蔽工程的质量验收单?

答:隐蔽工程质量验收大的方面可分为:地基基础工程与主体结构工程隐蔽验收,建筑装饰装修工程隐蔽验收,建筑屋面工程隐蔽验收，建筑给水、排水及供暖工程隐蔽验收，建筑电气工程隐蔽验收，通风与空调工程隐蔽验收，电梯工程隐蔽验收及智能建筑工程隐蔽验收等。

隐蔽工程验收单通常包括工程名称、分项工程名称、隐蔽工程项目、施工标准名称及代号，隐蔽工程部位；项目经理、专业工长、施工单位、施工图名称及编号，施工单位自查记录，施工单位自查记录（检查结论和施工单位项目技术负责人签字），监理（建设单位）单位验收结论（监理工程师或建设单位项目负责人签字）。

2. 怎样收集原材料的质量证明文件、复验报告？

答：原材料的质量证明文件、复验报告包括的内容如下：

原材料序号，材料品种或等级，合格证号，生产厂家，进场数量，进场日期，复验报告编号，报告日期，主要使用部位及有关说明。表列表示时，须在表尾有技术负责人和质量检查员的签名。不同的原材料质量证明文件和复验报告的形式和内容不同，可根据需要复验的内容和项目设置。

3. 怎样收集单位（子单位）工程结构实体、功能性检测报告？

答：单位（子单位）工程结构实体、功能性检验资料核查及主要功能抽查记录表包含的内容有：

表头包括工程名称、施工单位、序号、项目、安全和功能检查项目、报告份数检查意见、抽查结果、核查（抽查）人，表末尾还有附注说明的事项。其中核查的项目可分为：

（1）建筑与结构

1）屋面淋水试验记录；

2）地下室防水效果记录；

3）有防水要求的地面蓄水试验记录；

4）建筑物垂直度、标高、全高测量记录；

5）烟气（风）道工程检查验收记录；

6）幕墙及外窗气密性、水密性、耐风压检测报告；

7）建筑物沉降观测记录；

8）节能、保温测试记录；

9）室内外环境监测报告。

（2）给水排水与供暖

1）供水管道通风试验记录；

2）暖气管道、散热器压力试验记录；

3）卫生器具满水试验记录；

4）消防管道、燃气管道压力试验记录；

5）排水干管通球试验记录。

（3）电气

1）照明全负荷试验记录；

2）大型灯具牢固性试验记录；

3）避雷接地电阻试验记录；

4）线路、插座、开关接地检验记录。

（4）通风与空调

1）通风、空调试运行记录；

2）风量、温度测试记录；

3）洁净室洁净度测试记录；

4）制冷机组试运行调试记录。

（5）电梯

1）电梯运行记录；

2）电梯安全装置检测报告。

（6）智能建筑

1）系统试运行记录；

2）系统电源及接地检测报告。

4. 怎样收集分部工程的验收记录？

答：分部（子分部）工程质量应由总监理工程师（建设单位

项目专业负责人）组织施工项目经理和有关勘察、设计单位项目负责人进行验收。分部工程质量验收记录表表头包括如下内容：工程名称，结构类型，参数，施工单位，项目经理，项目技术负责人，分包单位、分包单位负责人、分包项目经理。

序号、验收子分部工程名称、分项项数、施工单位评定结果、验收意见。验收的子分部工程名称包括：土方子分部工程、混凝土子分部工程、砌体基础子分部工程、地下防水子分部工程等，其次有质量控制资料、安全和功能检验（检测）报告、观感质量验收等。

验收单位包括：分包单位、施工单位、勘察单位、设计单位、监理单位（建设单位）等。签字人包括分包项目经理、施工单位项目经理、勘察单位项目负责人、设计单位项目负责人、总监理工程师或建设单位项目专业负责人。

5. 怎样收集单位工程的验收记录？

答：单位（子单位）工程验收记录包括如下内容：

（1）表头包括如下内容：工程名称，结构类型，参数/建筑面积，施工单位，技术负责人，开工日期，项目经理，项目技术负责人竣工日期。

（2）表中内容包括：序号、项目、验收记录、验收结论。

（3）验收项目包括：分部工程、质量控制资料、安全和主要使用功能核查及抽查结果、观感质量验收、验收记录、验收结论、综合验收结论。

（4）参加验收单位包括建设单位、监理单位、施工单位、设计单位。

（5）签字栏包括建设单位公章和单位（项目）负责人、总监理工程师和单位盖章、施工单位负责任人和公章、设计单位（项目）负责人和公章。

参考文献

[1] 中华人民共和国国家标准. 建筑工程项目管理规范 GB/T 50326—2006 [S]. 北京：中国建筑工业出版社，2006.

[2] 中华人民共和国国家标准. 建筑工程监理规范 GB/T 50319—2000 [S]. 北京：中国建筑工业出版社，2001.

[3] 中华人民共和国国家标准. 建设工程文件归档整理规范 GB 50328 2001 [S]. 北京：中国建筑工业出版社，2002.

[4] 中华人民共和国国家标准. 房屋建筑制图统一标准 GB/T 50010—2010 [S]. 北京：中国计划出版社，2011.

[5] 中华人民共和国国家标准. 建筑给水排水制图标准 GB/T 50106—2010 [S]. 北京：中国建筑工业出版社，2010.

[6] 中华人民共和国国家标准. 暖通空调制图标准 GB/T 50114—2010 [S]. 北京：中国建筑工业出版社，2011.

[7] 中华人民共和国国家标准. 民用建筑设计通则 GB 50352—2005 [S]. 北京：中国建筑工业出版社，2005.

[8] 住房和城乡建设部人事司.《建筑与市政工程施工现场专业人员考核评价大纲（试行）》[M]. 北京：中国建筑工业出版社，2012.

[9] 王文睿. 手把手教你当好甲方代表 [M]. 北京：中国建筑工业出版社，2013.

[10] 潘全祥. 怎样当好水暖工长（第二版）[M]. 北京：中国建筑工业出版社，2009.

[11] 王树和. 施工员·设备安装 [M]. 北京：中国电力出版社，2014.

[12] 王文睿. 手把手教你当好土建质量员 [M]. 北京：中国建筑工业出版社，2014.

[13] 王文睿. 手把手教你当好装饰装修质量员 [M]. 北京：中国建筑工业出版社，2015.

[14] 刘淑华. 手把手教你当好设备安装施工员 [M]. 北京：中国建筑工业出版社，2015.

[15]　王文睿. 建设工程项目管理［M］. 北京：中国建筑工业出版社，2014.

[16]　洪树生. 建筑施工技术［M］. 北京：科学出版社，2007.

[17]　朱凤栖. 建筑设备工程施工图识图要领与实例［M］. 北京：中国建材工业出版社，2013.

[18]　中国建设教育学会. 质量专业管理实务［M］. 北京：中国建筑工业出版社，2008.